泵计算测试编程方法及应用

王文杰　裴　吉　袁寿其　著

机械工业出版社

本书为泵选型设计、优化及测试等方面提供了较为完整的理论方法及编程技术，全书共 7 章。第 1 章介绍了水泵编程与应用技术的发展趋势及相关研究进展。第 2 章介绍了数据类型、程序结构、第三方库等 Python 编程基础。第 3 章介绍了数据类型、程序结构、数据保存等 LabVIEW 编程基础。第 4 章介绍了水泵过流部件参数化建模及逆向建模的程序控制方法。第 5 章介绍了数值模拟中的网格划分、数值求解及后处理等程序控制方法。第 6 章详细介绍了近似模型及智能优化算法的编程方法，并给出了相关案例。第 7 章详细介绍了水泵测试、数据分析和水力模型选型方面的编程方法及案例。

　　本书可供从事水泵及相关流体机械智能化设计、测试等方面工作的专业人员阅读使用，也可供高等学校研究生和本科生开展科研工作参考。

图书在版编目（CIP）数据

泵计算测试编程方法及应用/王文杰，裴吉，袁寿其著. —北京：机械工业出版社，2023. 2
　ISBN 978-7-111-72547-3

Ⅰ.①泵… Ⅱ.①王… ②裴… ③袁… Ⅲ.①水泵–测试技术–程序设计 Ⅳ.①TH38-39

中国国家版本馆 CIP 数据核字（2023）第 010653 号

机械工业出版社（北京市百万庄大街 22 号　邮政编码 100037）
策划编辑：李万宇　　　　　责任编辑：李万宇
责任校对：薄萌钰　陈　越　　封面设计：马精明
责任印制：任维东
北京中兴印刷有限公司印刷
2023 年 4 月第 1 版第 1 次印刷
169mm×239mm · 14.5 印张 · 1 插页 · 294 千字
标准书号：ISBN 978-7-111-72547-3
定价：68.00 元

电话服务　　　　　　　　网络服务
客服电话：010- 88361066　　机　工　官　网：www. cmpbook. com
　　　　　010- 88379833　　机　工　官　博：weibo. com/cmp1952
　　　　　010- 68326294　　金　书　网：www. golden-book. com
封底无防伪标均为盗版　　机工教育服务网：www. cmpedu. com

前　言

本书是泵计算与测试方面的编程方法及技术的专著，对水泵设计、优化、测试、状态监测、选型等方面中的 Python 和 LabVIEW 编程方法进行了详细阐述与分析。泵编程技术可有效地解决泵设计、优化、仿真、选型等智能化计算问题，解决泵外特性、压力脉动、振动和速度等物理量自动化测试问题。泵是水资源调配、工业水循环、城市供水等系统中重要的能量转换通用机械，总量巨大，其用电量约占全国总用电量的 17%。《中国制造 2025》《智能制造试点示范行动实施方案》等从国家政策层面为泵行业发展带来了新思路，泵产品研发、加工、运行维护等方面均朝着智能化方向发展。由此，泵计算测试编程技术的发展是必然趋势。

本书采用 Python 和 LabVIEW 作为编程语言。Python 是广受欢迎的开源编程语言之一，具有简洁性、易读性以及可扩展性等优势，适合数据分析、制作图表、网络通信等。LabVIEW 是一种图形化的编程语言，用于数据采集、分析以及界面开发，优点是编程效率高。这两种编程语言入门较容易，混合编程将会极大提高泵专业研究的编程效率。LabVIEW 构建工程组件和用户界面，Python 并行执行任务，从而有利于推动泵行业的智能化发展。

全书共 7 章，第 1 章介绍了水泵编程与应用技术的发展趋势及泵选型、优化、测试、状态监测等方面的研究进展。第 2 章介绍了数据类型、程序结构、第三方库等 Python 编程基础。第 3 章介绍了数据类型、程序结构、数据保存等 LabVIEW 编程基础。第 4 章介绍了水泵过流部件参数化建模及逆向建模的程序控制方法。第 5 章介绍了数值模拟中的网格划分、数值求解及后处理等程序控制方法。第 6 章详细介绍了近似模型及智能优化算法的编程方法，采用 LabVIEW 和 Python 联合编写了叶片泵优化设计平台，给出了蜗壳离心泵优化设计案例。第 7 章详细介绍了水泵测试、数据分析和水力模型选型方面的编程方法及案例，从水泵外特性测试、水泵压力脉动/振动测试、五孔探针速度测试、泵站机组振动监测和水泵水力模型选型五个方面详细介绍了编程思路。

　　本书研究工作是在国家重点研发计划（2022YFC3202901、2020YFC1512403）、国家自然科学基金（51879121）、江苏大学专著出版基金、江苏高校优势学科项目等课题资助下开展的。

　　本书在撰写过程中，参阅了大量国内外学者的学术研究成果以及水泵企业研发的水泵智能化技术等，在此向这些研究成果的作者及企业表示衷心感谢。本书的编写得到了江苏大学国家水泵及系统工程技术研究中心领导和同事的大力支持；意大利帕多瓦大学 Giorgio Pavesi 教授、德国凯泽斯劳滕工业大学 Martin Boehle 教授在编程和试验方面给予了指导；龚小波、韩振华、甘星城、赵建涛、张猛、沈家伟等研究生做了大量辅助性工作，在此一并致以衷心感谢。

　　由于作者水平有限，书中难免存在不妥和疏漏之处，敬请读者批评指正。

目 录

第1章 水泵编程及应用概述

1.1 引言

水泵作为输送液体的通用机械，总量巨大，广泛应用于水利、电力、农业等国民经济领域，总耗能约占我国年耗电量的17%。2015年，我国提出了《中国制造2025》制造强国的行动纲领，2021年的《智能制造试点示范行动实施方案》明确指出到2025年建设一批技术水平高的智能制造示范工厂，国家层面的重大战略为泵行业发展带来了新思路，泵产品必然向着智能化方向发展。

水泵智能化主要体现在：设计智能化、制造智能化和运行智能化。

在泵设计智能化方面，数值计算成为泵设计的主流技术，可以准确预测泵性能和内部流动。在近期的数值计算研究中融合了机器学习，使非定常流场特性预测更加准确。在提高泵性能方面，近似模型、智能优化算法、伴随方法等优化方法能有效地解决无法建立泵性能和几何参数精确数学函数的难题，实现泵性能全局最优。

在泵制造智能化方面，采用计算机制造集成系统、高精度数控加工、物联网等先进技术在泵产品结构材料选择、加工、装配等各个环节缩短泵产品生产周期，保证产品性能。

在泵运行智能化方面，通过安装传感器监测泵运行参数，采集如轴承温度、压力、振动等信号，来判定泵运行状态，一方面能优化运行工况，保障系统节能，另一方面能预测泵零部件的寿命和故障可能性，并在发生故障前进行预警。

水泵智能化的设计、制造和运行离不开高性能的仿真计算设备、高精度的数控机床和高灵敏度的传感器等硬件，也需要技术人员掌握较好的编程能力。

1.2 水泵设计研究

泵水力设计理论从一元流动理论、二元流动理论已经逐渐发展到三元流动理论[1]。一元流动理论基于无限叶片数假设，假定泵的每个流道内流体流动状态相同，且沿同一过流断面分布均匀。基于一元流动理论的泵设计方法有速度系数法、模型换算法、加大流量设计、无过载设计、叶轮极大直径设计等。二元流动理论基于有势流动理论，考虑轴面速度在过流断面上是变化的，适合用于设计高比转速混流泵。三元流动设计理论基于流体非均匀分布的考虑，采用数值计算软件获得泵内部复杂的三维流场。

二元设计理论和三元设计理论均是从设计几何参数获得内部流场，称为正问题设计。另外一种是反问题设计方法，通过设定速度和叶片载荷分布，设计泵过流部件几何参数。通过不断地进行正问题和反问题的交替计算，形成了泵正反问题迭代设计方法。邴浩等[2]提出了一种利用正反问题迭代法设计混流泵叶轮的新方法。正问题计算是采用两类相对流面迭代法求解流体连续方程与运动方程，反问题设计是基于速度分布规律采用逐点积分法进行叶片造型，同时考虑了叶片形状对轴面流动计算的影响，该方法提高了叶轮设计计算的精度。Zangeneh 等[3,4]通过设定离心泵和混流泵叶轮叶片和导叶载荷分布规律，对过流部件进行反设计，抑制了子午面上二次流的流动。

在泵的设计软件方面，PCAD、凡方泵水力设计软件等国产水泵设计软件是在 CAD 软件中开发完成的，融合了水力损失优化方法，提高了设计效率。AIPump 水泵设计软件结合了传统经验设计方法及先进的人工智能设计算法，自动生成较高效率的水泵叶轮及蜗壳等部件三维模型。国外的水泵设计软件 CFturbo、TurboDesign 和 AxSTREAM 在设计过程中能直接生成三维模型，便于数值计算，其中 TurboDesign 在设计过程中融合了优化功能，AxSTREAM 集成了设计、分析和优化功能。

1.3 水泵优化研究

泵性能优化方法主要分为经验公式优化、试验设计优化、近似模型优化、智能算法优化和伴随优化 5 种。

在半理论半经验公式优化方法研究方面，王幼民等[5]以叶片的 7 个设计参数作为优化变量，以最小化泵的损失、空化余量和扬程驼峰作为优化目标，对一个低比转速离心泵进行了优化设计，有效提高了该泵的性能。Oh[6,7]等分别建立了离心泵和混流泵效率和空化余量的数学模型，并采用 Hooke-Jeeves 直接搜索法进行了优化设计。王凯[8]建立了离心泵在多个工况下的水力损失模型，并采用自适应模拟退火算法通过上述模型对离心泵进行了多目标优化。

在试验设计优化方法（见图 1-1）研究方面，通过科学合理地安排较少次数试验方案进行优化，从而获得设计变量对优化目标的影响程度及规律。袁寿其[9]应用正交试验设计方法选取了多因素两水平正交表对低比转速离心泵的效率和无过载特性进行了试验优化设计。王洪亮等[10]基于正交试验方法对深井泵叶轮进行了优化设计。袁建平等[11]基于正交试验方法，对高比转速轴流泵叶轮和导叶进行了优化设计，优化后轴流泵的加权平均效率提高了4.68%。试验设计优化方法也成功应用在导叶[12,13]等静止部件的优化设计中，获得了良好的效果。

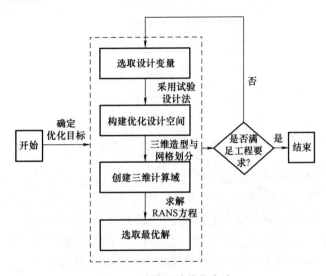

图 1-1　试验设计优化方法

在近似模型优化方法（见图 1-2）研究方面，基于有限的数据样本构建优化目标与设计变量间的数学表达式，采用合适优化算法获得数学模型的全局最优解。Kim 等[14]以效率作为目标函数，应用拉丁超立方设计和径向基神经网络对混流泵叶轮和离心泵叶轮进行了优化设计，优化后，设计流量下的效率分别提高了 9.75%和 1.0%。袁寿其等[15]结合拉丁超立方试验设计、Kriging 近似模型和遗传算法对一台低比转速离心泵进行了多目标优化设计，优化后泵水力效率提高了 4.18%。赵斌娟等[16]为了提高双流道泵的水力性能和结构性能，采用均匀实验设计、BP 人工神经网络以及多目标遗传算法组合的方法，对蜗壳的四个设计变量做了多目标优化设计。

在智能算法优化方法研究方面，无须优化目标具有精确的表达式或者数学函数连续可导，基于目标函数计算值指导群体在全局范围内进行寻优。群智能

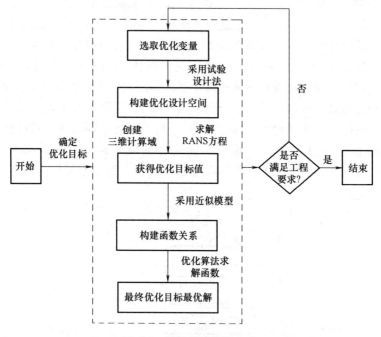

图 1-2   近似模型优化方法

优化方法如图 1-3 所示。Wahba 等[17]于 2001 年首次采用遗传算法对离心泵性能进行优化。Zangeneh 等[18]结合多目标遗传算法和三维反设计方法，对离心泵的空化性能和叶轮进口边的扫掠角两个目标进行了优化设计。胡季[19]基于遗传算法实现了对离心泵的全自动优化分析。张德胜等[20]基于粒子群智能算法，以水轮机翼型的多个动力特性参数作为目标进行优化设计，使翼型的水动力性能与空化性能均有所提高。Yang 等[21]将一种新型粒子群算法应用于翼型优化设计中，并通过数值结果的对比，验证了新型粒子群算法具有较高的精确性。

在基于梯度的优化设计方法研究方面，梯度优化思想是沿着设计变量的梯度方向迭代寻优，更新设计变量，直到获得最优目标函数。伴随方法是梯度优化方法中之一，是由 Jameson 等[22]提出的，通过引入伴随变量将优化变量与优化目标分离，求解流场方程及伴随方程，整个优化过程的计算量相当于两倍流场的计算量，且与设计变量数目无关。张人会等[23]将伴随方法引入到泵水力优化设计领域，并实现了对一台低比转数离心泵的参数化优化设计。另外一种梯度优化方法是不完全敏感性方法，该方法忽略了几何参数对流场的影响，一次优化迭代中只需计算一次流场，大大减少计算量。Derakhshan 等[24]采用不完全敏感性方法优化离心叶轮。张人会等[25]将不完全敏感性方法成功应用于离心泵叶片型线的优化，并基于 MATLAB 编制了相应的计算程序。

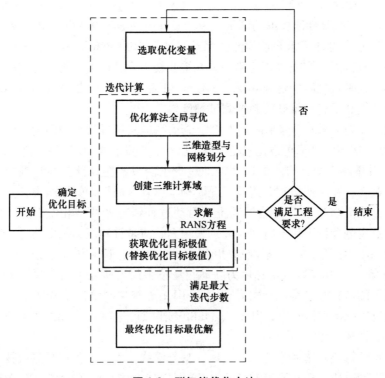

图 1-3　群智能优化方法

　　在泵的优化软件方面，数值模拟软件 NUMECA 和 ANSYS WorkBench 集成了优化模块，可减少优化设计周期，快速获得泵设计方案。商业优化软件如 Isight、modeFRONTIER、Optimus、SmartDO、AIPOD 等，可将所有设计流程集中到一个框架中，自动运行 CAD 造型和 CFD 仿真软件，解决传统优化设计中人为出错问题，实现整个设计流程全自动化。

1.4　水泵测试研究

　　在泵外特性测试研究方面，发展智能水泵性能测试技术，可以减少由于人为因素带来的测量数据误差，提高水泵性能的测试精度、测试效率。

　　Emami 等[26]设计了一套离心泵监测及性能分析系统。该系统通过精密仪器测量离心泵的特性，并将测量数据实时导入 LabVIEW 平台进行分析处理，测试结果证明了该系统功能完整、性能优良。温慧知等[27]基于虚拟仪器软件平台设计了一套针对水泵性能曲线数据采集的非采集点追踪程序。施卫东等[28]采用 LabVIEW 软件设计了水泵性能测试系统，使用多项式曲线拟合方法对水泵特性曲线进行了曲线拟合。钟绍俊等[29]搭建了汽车冷却水泵的性能测试系统，采用西门子 S7-200 型 PLC 作为工控机，采用 LabVIEW 开发测试软件，实现了对冷却水泵性能数据的测量、采集及性能曲线拟合功能。高彦平[30]采用 LabVIEW 软件设计了水泵性能测试系统，通过 LabVIEW Application Builder 生成了动态链接库，实现水泵性能测试系统曲线拟合、误差分析、数据校正功能在各种开发平台之间的资源共享。吴俊[31]开发了基于 PLC 的离心泵高精度测控系统，提高了离心泵试验系统测试精度。

此外，为了深入研究泵内部不稳定流动结构及诱导特性，国内外学者广泛开展了泵的空化、PIV 可视化流场、压力脉动、振动、噪声等测试研究。王志远等[32]对轴承座 3 个方向的加速度振动进行了测量，在设计工况时轴向方向振动强度最大，在小流量和大流量工况时轴承座各方向振动强度增大，主要受压力脉动影响。李伟等[33]搭建了混流泵启动过程瞬态外特性和压力脉动测量系统，通过变频器设置启动时间，分别采用涡轮流量计和压力传感器进行瞬态流量和瞬态压力测量，探究不同启动时间和不同流量下瞬态压力脉动的时频特性。Fu 等[34]利用高速摄影和压力脉动测量技术深入研究了离心泵小流量工况空化诱导的低频脉动特性。司乔瑞[35]采用无源四端网络法试验测量了离心泵不同运行工况的声源特性，基于 Lighthill 声比拟理论建立了 CFD/CA 流动诱导噪声数值预测方法。

随着计算机网络通信技术的发展，基于网络技术的远程在线测试技术正处于快速发展阶段。秦小刚等[36]基于物联网搭建海上平台关键离心泵在线监测与智能管理系统，基于收集的设备运行状态数据分析并预测可能产生的故障点，从而给出相应的维护维修建议。王睿[37]采用 STM32 作为设备采集控制终端的主控制器，借助 One NET 为云服务平台，基于 Qt 开发远程监控终端，能实时监控屏蔽泵运行状态。

1.5　水泵选型研究

我国泵系统运行效率偏低，平均运行效率比国外低 10% 左右，造成了资源的严重浪费，主要原因是泵选型不合理，导致泵偏离高效区。因此，应尽可能地提高水泵选型的合理性，使水泵运行在高效区范围，以达到系统节能的目的。国外泵企业如 KSB、格兰富等开发了独家选型系统，在国际上比较有名的是美国 Intelliquip 公司开发的网页版 Intelliquip 选型系统，目前国内外凯泉、山东双轮、威乐、荏原、苏尔寿等水泵企业采用了这款选型软件。根据泵性能参数流量和扬程与系列产品进行对比，并对每个模型进行运行效率分析，能自动生成性能数据曲线。国内上海义维流体科技有限公司开发的微信版水泵选型系统，上海凡方水泵科技有限公司开发的在线水泵选型平台，均在国内泵生产企业中得到应用。

李红等[38] 2003 年采用 Access 和 Visual Basic 相结合编写了离心泵选型软件。离心泵选型软件系统包括数据库、数据库维护模块、选型模块和打印输出模块。朱荣生等[39] 2007 年采用 Web 服务开展了泵在线选型研究，可以通过互联网实现网上选型、定购各种水泵、订单在线生成等，使用现代化的报价、销售、选型手段提高服务质量。张海龙等[40] 通过把 Visual Basic 6.0 与 Auto CAD2008 建立关联，编写了高扬程离心泵选型软件，输入流量和扬程参数，可得到软件推荐的水力模型，并绘制综合特性曲线，从泵效率、空化性能、装机容量和投资方面进行对比两种水力模型，最终确定了效率较高但泵站装机台数少的双吸离心泵水力模型。张维[41] 使用 Visual Basic 语言和 Access 数据库开发了 ZXHB 型泵类产品选型系统软件，实现了渣浆泵选型和特性曲线显示功能，同时结合 CFD 软件对渣浆泵内部流场进行分析与性能预测，进一步提高选型系统的可靠性。张晓磊[42] 采用 ASP. NET 编程和 SQL Server 数据库管理软件开发出离心泵在线选型平台，具备管路损失计算、装置汽蚀余量计算、装置特性曲线方程计算、离心泵特性曲线拟合与显示、选型、数据库维护、用户留言以及资料下载等功能。王启才[43] 使用 MATLAB 和 Lazarus 混合编程编写了水泵选型软件模块，采用 Microsoft SQL Server 2008 编写了水泵样本数据库管理模块，具有水泵样本数据添加、删除、修改、查询等功能。樊永军[44] 使用 MATLAB 软件开发出渣浆泵综合选型系统，其特点是将产品生命周期成本融入选型系统，有利于选出综合成本更低的方案，提高渣浆泵的现场应用水平，降低客户成本。关醒凡[45] 采用 Visual Basic 语言在 Auto CAD2008 软件进行二次开发，设计了低扬程轴流泵选型软件，能从模型库选出可信度高的模型，并确定泵叶轮外径和转速参数，绘制泵综合性能曲线。汤方平[46] 提出了一种大型泵站低扬程泵装置的选型方法，并开发了选型软件，通过泵站设计流量和扬程，将设计最关键的水泵 nD 值与泵装置比转数建立量化关系，快速实现水泵装置的优化选型，提高了选型效率。

1.6　水泵状态监测研究

状态监测是指通过各类传感器获取设备运行状态的数据，并对这些数据进行处理，实现设备工况判别和故障诊断。

Kleinmann 等[47] 介绍了一种行业前沿的泵系统监测、控制和诊断的创新理念，指出了采用智能化控制系统可以节省近 30% 的泵用电量。Ahonen 等[48] 通过温度传感器和振动传感器研发了一套离心泵监测报警系统，利用 Modbus TCP 传输协议读取温度信号和振动信号。赵旭凌等[49] 基于虚拟仪器技术设计了离心泵在线监测系统，对离心泵运行时的压力、温度、扬程等参数进行监测，使用 LabSQL 数据库工具对系统数据进行管理。骆寅等[50]提出了一种新型基于无线传输网络的水泵振动状态监测系统，使用 WIFI 作为通信技术，安卓手机作为上位机，试验证明所设计的无线振动状态监测系统可以满足对水泵振动监测的需求。叶韬[51]搭建了基于振动信号的离心泵空化状态监测系统，选取了离心泵振动信号的均值特征作为 SVM 算法的特征向量训练模型，识别离心泵空化运行状态。彭岩[52]基于 LabWindows 开发的离心泵状态监测系统，具有数据采集、性能监测及振动监测等功能，其核心的性能监测模块可以实时采集、存储离心泵的状态参数，并进一步绘制性能曲线和数据报表，实现了实时采集振动参数、数据存储、数据分析及图谱显示等功能。古明辉等[53]研发了一套离心泵监测系统，该系统基于 LabVIEW 平台对离心泵的振动、噪声、进出口水温、风速等运行状态参数进行了实时监测，通过 RS 485 串口协议和 Modbus 通信协议进行数据传输。此外，国内外大型泵站机组、发电机组等大型旋转机械广泛采用状态监测技术[54,55]。例如美国 BENTLY 公司研制的 3500 系列振动监测系统，已经用于国内多座水电站的状态监测，它通过多种传感器采集数据，并提供连续、在线监测功能。北京华科同安监控技术有限公司的 TN8000 水电机组状态监测分析故障诊断系统，已成功应用于三峡左岸电站和电源电站的机组状态监测，为三峡电厂评估机组状态提供了坚实的技术保障。

第 2 章　Python 程序基础

Python 是一种跨平台的计算机程序设计语言，是结合了解释性、互动性和面向对象的脚本语言，具有很强的可读性[56]。Python 是一种解释型语言，意味着开发过程中没有编译环节。Python 是交互式语言，在一个 Python 提示符"≫"后输入代码可直接执行程序。Python 是面向对象语言，支持面向对象的编程技术。

Python 是非常强大且完备的编程语言，具有丰富且强大的库，能够将各种模块轻松地集成在一起[57]。例如，通过 Numpy、Scipy、Matplotlib 等库实现科学计算、数据分析及可视化；通过 Pytorch 或 Tensorflow 等库进行深度学习网络的快速开发；通过 Flask 或 Django 进行 Web 应用的开发；通过 PyQt5 或 tkinter 实现跨平台的桌面应用等。可以说，Python 具有如下优点：结构简单，语法定义明确，易于学习；代码定义清晰，易于阅读；标准库丰富，可移植，可扩展。

2.1　Python 语言

2.1.1　Python 基础语法

1. 编码

默认情况下，Python3 源码文件以 UTF-8 编码（见图 2-1），所有字符串都是 unicode 字符串，也可以为源码文件指定不同的编码。

2. 注释

Python 中单行注释以"#"开头，多行注释可用成对的"'''"或""""""进行注释，如图 2-2 所示。

```
# -*- coding: UTF-8 -*-
# -*- coding: cp-1252 -*-
```

图 2-1   编码

```
# 单行注释1
print ("Hello, Python!")   # 单行注释2
'''多行注释1，离心泵，轴流泵。'''
"""多行注释2，叶轮，蜗壳。"""
```

图 2-2   注释

3. 标识符

在 Python 里，标识符由字母、数字、下划线组成。所有标识符可以包括英文、数字以及下划线 "_"，但不能以数字开头。Python 中的标识符是区分大小写的，以下划线开头的标识符是有特殊意义的。以单下划线开头_demo 的代表不能直接访问的类属性，需通过类提供的接口进行访问，不能用 from. . . import *来导入。以双下划线开头的_ _demo 代表类的私有成员，以双下划线开头和结尾的_ _foo_ _代表 Python 里特殊方法专用的标识，如_ _init_ _（）代表类的构造函数。

4. 保留字

保留字（见图 2-3）即关键字，不能把它们用作任何标识符名称。Python 的标准库提供了一个 keyword 模块，可以输出当前版本的所有关键字。这些保留字不能用作常数或变数，或任何其他标识符名称，所有 Python 的关键字只包含小写字母。

```
>>> import keyword
>>> keyword.kwlist
['False', 'None', 'True', 'and', 'as', 'assert', 'break', 'class', 'continue', 'def',
'del', 'elif', 'else', 'except', 'finally', 'for', 'from', 'global', 'if', 'import', 'in', 'is',
'lambda', 'nonlocal', 'not', 'or', 'pass', 'raise', 'return', 'try', 'while', 'with', 'yield']
```

图 2-3   保留字

5. 多行语句

Python 语句中一般以新行作为语句的结束符，如果语句过长则可以使用反斜杠 "＼" 将一行的语句分为多行显示，如图 2-4 多行语句所示，在 "[ ]" "{ }" "（）" 中的多行语句，不需要使用 "＼"。

6. 获取用户输入

input 输入（见图 2-5）是与用户交互的输入函数，input 函数接收一个字符串类型的参数，执行后面的程序，在按回车键后等待输入。

7. print 输出

print 输出（见图 2-6）默认是换行的，如果不换行需要在变量末尾加上 "end = " " "。

```
total = num1 + \
        num2 + \
        num3
list = ['num1', 'num2', 'num3',
        'num4', 'num5']
```

图 2-4　多行语句

```
input("请输入离心泵的性能参数")
```

图 2-5　input 输入

```
x = "离心泵"
y = "轴流泵"
# 换行输出
print(x)
print(y)
# 不换行输出
print(x, end=" ")
print(y, end=" ")
```

图 2-6　print 输出

8. 导入模块

在 Python 用 import 或者 from...import 来导入相应的模块。将整个 numpy 模块导入，格式为：import numpy；从某个模块中导入某个函数，格式为：from numpy import random；从某个模块中导入多个函数，格式为：from numpy import random，zeros，ones；将某个模块中的全部函数导入，格式为：from numpy import ∗。

2.1.2　基本数据类型

变量是存储在内存中的值，在创建变量时会在内存中开辟一个空间。基于变量的数据类型，解释器会分配指定内存。因此，变量可以指定不同的数据类型，如整数、浮点数或字符串等。

Python 中的变量不需要声明，每个变量在使用前都必须赋值（见图 2-7），变量赋值以后该变量才会被创建。使用等号"="来给变量赋值，等号左边是变量名，等号右边是变量值，赋值完后编译器会自动识别变量类型。

```
num = 8 # 整数
miles = 87.5 # 浮点数
name = "John" # 字符串
# 多变量赋值
x = y = z = 8
a, b, c = 1, 2, "John"
```

图 2-7　赋值

Python 中有六个标准的数据类型：number（数字）、string（字符串）、list（列表）、tuple（元组）、dictionary（字典）和 set（集合）。

1. 数字

Python 中数字有四种类型：整数、浮点数、复数和布尔数，如图 2-8 所示。int（整数），如 1；float（浮点数），如 1.1、9e-2；complex（复数），如 3.14j、3e+2j；bool（布尔数），如 True。

```
a = 1; a1 = -1        # int
b = 1.1; b1 = 9e-2    # float
c = 3.14j; c1 = 3e+2j # complex
d = True              # bool
```

图 2-8　数字类型

通过内置的 type() 函数和 isinstance() 函数可以用来查询变量所指的对象类型。

对数据类型进行转换，只需要将数据类型作为函数名即可。例如，int(x)

将 x 转换为一个整数；float（x）将 x 转换为一个浮点数；complex（x）将 x 转换为一个复数，实数部分为 x，虚数部分为 0；complex（x,y）将 x 和 y 转换为一个复数，实数部分为 x，虚数部分为 y。

Python 与其他语言一样支持四则运算，此外还有幂运算"**"，取余"%"，整除"//"，如图 2-9 数字运算所示。需要注意的是，在整数除法中，除法总是返回一个浮点数，如果只想得到整数的结果，可以使用整除运算符"//"。

```
print((10 - 1*2+4) / 4) # 结果为3
print(1/2)        # 结果为0.5
print(3//2)       # 结果为1
print(17%3)       # 结果为2
print(2**2)       # 结果为4
```

图 2-9　数字运算

Python 中常用的数学函数有：abs（x）返回数字的绝对值，如 abs（-10）返回 10；math. ceil（x）返回数字的上入整数，如 math. ceil（4.1）返回 5；math. exp（x）返回 e 的 x 次幂，如 math. exp（1）返回 2.7182818；floor（x）返回数字的下舍整数，如 math. floor（4.9）返回 4；log（x）如 math. log（math. e）返回 1.0；max（x1，x2，…）返回给定参数的最大值；min（x1，x2，…）返回给定参数的最小值；round（x[，n]）返回浮点数 x 的四舍五入值，如给出 n 值，则代表舍入到小数点后的位；sqrt（x）返回数字 x 的平方根。

常用随机数函数有：choice（seq）从序列的元素中随机挑选一个元素，比如 random. choice（range（10）），从 0 到 9 中随机挑选一个整数；randrange（[start，]stop[，step]）从指定范围内，按指定基数递增的集合中获取一个随机数，基数默认值为 1；random（）随机生成下一个实数，它在 [0, 1) 范围内；seed （[x]）改变随机数生成器的种子 seed；uniform（x, y）随机生成一个实数，它在 [x, y] 范围内。

2. 字符串

字符串如图 2-10 所示。Python 中单引 "'" 和双引号 """使用完全相同，使用三引号（'''或"""）可以指定一个多行字符串。转义符反斜杠 "\" 可以用来转义，使用 r 可以让反斜杠不发生转义。此外，字符串可以用 "+" 运算符连接在一起，用 "*" 运算符重复。

Python 中字符串有两种索引方式，从左往右以 "0" 开始，从右往左以 "-1" 开始。Python 中的字符串不能改变且没有单独的字符类型，一个字符就是长度为 1 的字符串。字符串截取的语法格式为：变量 [头下标：尾下标：步长]。

Python 支持字符串格式化的输出。格式化字符串（见图 2-11）相当于字符串模板，即字符串中一部分是固定的，一部分是动态变化的，而变化的部分就可用格式符 "%" 替换。例如，格式符 "%s" "% 为格式符"，而 "s" 则为动态值的数据类型，s 为字符串格式。此外，format 方法也可进行格式化操作，其格式符是使用花括号"{}"，而且支持按顺序指定格式化参数值。

```
str1 = '离心泵'
str2 = "离心泵的基本性能参数"
str3 = """离心泵叶轮,
                离心泵蜗壳"""
str = '1234567'
print(str[0:-1]) # 输出第一个到倒数第二个的所有字符
print(str[0]) # 输出字符串第一个字符
print(str[2:5]) # 输出从第三个开始到第五个的字符
print(str[2:]) # 输出从第三个开始后的所有字符
print(str[1:5:2]) # 输出从第二个开始到第五个且每隔一个的字符（步长为2）
print(str * 2) # 输出字符串两次
print(str + '你好') # 连接字符串
print('hello\n baby') # 使用反斜杠(\)+n转义特殊字符
print(r'hello\n baby') # 在字符串前面添加一个 r，不会发生转义
```

图 2-10　字符串

```
>>>print (" %s的额定流量为  %d L/min!" % ('离心泵', 22)
离心泵的额定流量为22L/min!
>>> print("{}{}{}".format(1,2,3))
1 2 3
```

图 2-11　格式化字符串

常用的 Python 的字符串内置函数有：capitalize( ) 将字符串的第一个字符转换为大写；center(width, fillchar) 返回一个指定的宽度居中的字符串，fillchar 为填充的字符，默认为空格；count(str, beg = 0, end = len(string)) 返回 str 在 string 里面出现的次数，如果 beg 或者 end 指定则返回指定范围内 str 出现的次数；find(str, beg = 0, end = len(string)) 检测 str 是否包含在字符串中，如果指定范围 beg 和 end，则检查是否包含在指定范围内，如果包含返回开始的索引值，否则返回-1；join(seq) 以指定字符串作为分隔符，将 seq 中所有的元素（的字符串表示）合并为一个新的字符串；len(string) 返回字符串长度；lower( ) 转换字符串中所有大写字符为小写；replace(old, new[，max]) 把将字符串中的 old 替换成 new，如果 max 指定，则替换不超过 max 次；split(str = " " , num = string. count(str)) 以 str 为分隔符截取字符串，如果 num 有指定值，则仅截取 num+1 个子字符串。

3. 列表

列表（见图 2-12）是 Python 中使用最频繁的数据类型。列表可以表达集合类的数据结构。列表中元素的类型可以不相同，支持数字、字符串，也可以包含列表。列表是写在方括号"［］"之间，用逗号分隔开的元素列表，和字符串一样，列表可以被索引和截取，列表被截取后返回一个包含所需元素的新列表。列表截取的语法格式为：变量［头下标：尾下标］，若从前往后索引值以

"0"为开始值，若从后往前则索引值以"–1"为开始值。加号"+"是列表连接运算符，星号"＊"是重复操作。

　　与 Python 字符串不一样的是，列表中的元素是可以改变的，可以使用 del 语句来删除、修改列表元素（见图 2-13）。

```
list = [ 'a', 12 , 3.1415, 'Tom', m ]
list2 = [10, 'room']
print (list[0])        # 输出列表第一个元素
print (list[1:3])      # 从第二个开始输出到第三个元素
print (list[2:])       # 输出从第三个元素开始的所有元素
print (list2 * 2)      # 输出两次列表
print (list + list2)   # 连接列表
```

图 2-12　列表

```
>>> a = [1, 2, 3, 4, 5, 6]
>>> a[0] = 7
>>> a[2:5] = [13, 14, 15]
>>> a
[7, 2, 13, 14, 15, 6]
>>>list = ['cat', 'dog', 1997]
['Google', 'Runoob', 1997]
>>>del list[2]
['Google', 'Runoob']
```

图 2-13　删除、修改列表元素

　　Python 中常用的列表函数和方法有：len(list) 返回列表元素个数；max(list) 返回列表元素最大值；min(list) 返回列表元素最小值；list(seq) 将元组转换为列表；list. append(obj) 在列表末尾添加新的对象；list. count(obj) 统计某个元素在列表中出现的次数；list. extend(seq) 在列表末尾一次性追加另一个序列中的多个值（用新列表扩展原来的列表）；list. index(obj) 从列表中找出某个值第一个匹配项的索引位置；list. insert(index, obj) 将对象插入列表；list. pop([index = –1]) 移除列表中的一个元素（默认最后一个元素），并且返回该元素的值；list. remove(obj) 移除列表中某个值的第一个匹配项；list. reverse() 反向列表中元素；list. sort(key = None, reverse = False) 对原列表进行排序；list. clear() 清空列表；list. copy() 复制列表。

4. 元组

　　元组 tuple（见图 2-14）写在小括号"()"里，元素之间用逗号隔开。元组与字符串类似，可以被索引，且若从前往后下标索引值以 0 为开始值，若从后往前则索引值以–1 为开始值，也可以进行截取。

```
>>> tup1 = ('Google', 'Runoob', 1997, 2000)
>>> tup2 = (1, 2, 3, 4, 5)
>>> tup3 = "a", "b", "c", "d"   # 不需要括号也可以
>>> type(tup3)
<class 'tuple'>
```

图 2-14　元组

　　元组中只包含一个元素时，需要在元素后面添加逗号，否则括号会被当作运算符使用。元组中的元素值是不允许修改的，但可以对元组进行连接组合。元组中的元素值是不允许删除的，但可以使用 del 语句来删除整

个元组。

5. 字典

字典（见图 2-15）是另一种可变容器模型，且可存储任意类型对象。字典的每个键值 key＝>value 对用冒号分隔，每个对之间用逗号分隔，整个字典包括在大括号"{}"中。

```
d = {key1 : value1, key2 : value2, key3 : value3 }
```

图 2-15　字典

键必须是唯一的，但值则不必唯一。值可以取任何数据类型，但键必须是不可变的，如字符串、数字。可用大括号"{}"创建字典，也可使用函数 dict( ) 创建字典，访问字典时只需要把相应的键放入到方括号中即可。字典操作如图 2-16 所示。

```
tinydict = {'Name': 'Runoob', 'Age': 7, 'Class': 'First'}
print ("tinydict['Name']: ", tinydict['Name']) #显示名字Runoob
print ("tinydict['Age']: ", tinydict['Age']) #显示年龄7
tinydict['Age'] = 8            # 更新 Age
tinydict['School'] = "清华大学" # 添加信息
print ("tinydict['Age']: ", tinydict['Age']) #显示年龄8
print ("tinydict['School']: ", tinydict['School'])# 显示添加的学校清华大学
```

图 2-16　字典操作

字典有两个特性：一是不允许同一个键出现两次，创建时如果同一个键被赋值两次，后一个值会被记住；二是键必须不可变，所以可以用数字、字符串或元组充当，而用列表就不行。常用的字典内置函数和方法有：len(dict) 计算字典元素个数，即键的总数；str(dict) 输出字典，可以打印的字符串表示；type(variable) 返回输入的变量类型，如果变量是字典就返回字典类型；dict. clear( ) 删除字典内所有元素；dict. copy( ) 返回一个字典的浅复制；dict. items( ) 以列表返回一个视图对象；pop(key[,default]) 删除字典 key 所对应的值，返回被删除的值；popitem( ) 返回并删除字典中的最后一对键和值。

6. 集合

集合 set（见图 2-17）是一个无序的不重复元素序列，可以使用大括号"{}"或者 set( ) 函数创建集合，注意：创建一个空集合必须用 set( ) 而不是"{}"，因为"{}"用来创建一个空字典。

集合常用的函数有：add( ) 为集合添加元素；clear( ) 移除集合中的所有元素；copy( ) 复制一个集合；difference( ) 返回多个集合的差集；difference_update( ) 移除集合中的元素，该元素在指定的集合中也存在；discard( ) 删除集合中指定的元素；intersection( ) 返回集合的交集；isdisjoint( ) 判断两个集

```
>>> num = {'app', 'orange', 'app', 'dog', 'cat'}
>>> print(basket)            # 这里演示的是去重功能
{'orange', 'app', 'dog', 'cat'}
>>> # 下面展示两个集合间的运算.
>>> a = set('abracadabra')
>>> b = set('alacazam')
>>> a
{'a', 'r', 'b', 'c', 'd'}
>>> a - b              # 集合a中包含而集合b中不包含的元素
{'r', 'd', 'b'}
```

图 2-17   集合

合是否包含相同元素，如果不包含相同元素返回 True，否则返回 False；pop（）随机移除元素；remove（）移除指定元素；union（）返回两个集合的并集；update（）给集合添加元素。

2.1.3   运算符与表达式

1. 算术运算符

常用的算术运算符有："＋"加、"－"减、"＊"乘、"/"除、"％"取余、"＊＊"幂运算和"//"取整除。运算符优先级顺序为：圆括号、幂运算、负号、（乘、除、整除、取余）、加减。算术运算如图 2-18 所示。

2. 比较运算符

常用的比较运算符有："＝＝"等于、"！＝"不等于、"＞"大于、"＜"小于、"＞＝"大于等于和"＜＝"小于等于。比较运算如图 2-19 所示。

```
a = 21;b = 10;c = 0
c = a + b
print ("c 的值为：",c)  #31
c = a - b
print ("c 的值为：",c)  #11
c = a * b
print ("c 的值为：",c)  #210
c = a / b
print ("c 的值为：",c)  #2.1
c = a % b
print ("c 的值为：",c)  #1
# 修改变量 a、b、c
a = 2;b = 3;c = a**b
print ("c 的值为：",c)  #8
a = 10;b = 5;c = a//b
print ("c 的值为：",c)  #2
```

图 2-18   算术运算

3. 赋值运算符

常用的赋值运算符有："＋＝"加法赋值运算符、"-＝"减法法赋值运算符、"＊＝"乘法赋值运算符、"/＝"除法赋值运算符、"％＝"取模赋值运算符、"＊＊＝"幂赋值运算符、"//＝"取整除赋值运算符。赋值运算如图 2-20 所示。

```
a = 21;b = 10;c = 0
if ( a == b):
  print ("True")
else:
  print ("False")  # 结果为False
if ( a != b):
  print ("True")
else:
  print ("False") # 结果为True
```

图 2-19   比较运算

```
a = 11;c = 0
c += a
print ("c 的值为：",c)  #11
c *= a
print ("c 的值为：",c)  #0
c /= a
print ("c 的值为：",c)  #0
```

图 2-20   赋值运算

4. 位运算符

位运算的原理是将数字看作二进制来进行计算的，如图 2-21 所示。常用的位运算符有："&"位与运算符，参与运算的两个值，如果两个相应位都为 1，则该位的结果为 1，否则为 0；"｜"位或运算符，只要对应的两个二进位有一个为 1 时，结果位就为 1；"^"位异或运算符，当两个对应的二进位相异时，结果为 1；"~"位取反运算符，对数据的每个二进制位取反，即把 1 变为 0，把 0 变为 1，~x 类似于-x-1；"<<"左移动运算符，运算数的各二进位全部左移若干位，由"<<"右边的数指定移动的位数，高位丢弃，低位补 0；">>"右移动运算符，把">>"左边的运算数的各二进位全部右移若干位，">>"右边的数指定移动的位数。

```
a = 60          # 60 = 0011 1100
b = 13          # 13 = 0000 1101
c = 0
c = a & b
print ("c 的值为：", c) # 12 = 0000 1100
c = a | b
print ("c 的值为：", c) # 61 = 0011 1101
c = a ^ b
print ("c 的值为：", c) # 49 = 0011 0001
c = a << 2
print ("c 的值为：", c) # 240 = 1111 0000
```

图 2-21　位运算

5. 逻辑运算符

逻辑运算符有：and 布尔"与"、or 布尔"或"和 not 布尔"非"。假设有两个变量 a 和 b，当 a 和 b 都为真时，"与"运算（a and b）返回 True，否则为 False；当 a 和 b 中至少一个为真时，"或"运算（a or b）返回 True，否则为 False；当 a 为真时，"非"运算（not a）返回 False。

2.1.4　函数

1. 函数语法

函数是实现某一功能的代码段，Python 内置了许多函数，用户也可根据需求自定义函数。函数语法（见图 2-22）是以 def 为关键字，后接函数名、圆括号"( )"和冒号":"，中间定义函数具体功能，最后以 return 返回指定的对象。圆括号中内容定义传入的参数，中间的函数体需要缩进。

```
def 函数名(参数):
    函数体
    return 返回值
```

图 2-22　函数语法

2. 参数

参数有四种类型：必须参数、关键字参数、默认参数和不定长参数，如图 2-23 所示。必须参数须以正确的顺序传入函数，调用时的数量必须和声明时一样。关键字参数允许函数调用时参数的顺序与声明时不一致，Python 解释器能够用参数名匹配参数值。默认参数为调用函数时，如果没有传入参数，则会使用默认参数。不定长参数声明时不会命名，可以处理比当初声明时更多的参数，一种是"＊args"会以元组的形式导入，一种是"＊＊args"会以字典的形式导入。

3. 匿名函数

使用 lambda 来创建匿名函数（见图 2-24），形式比 def 简单得多，其主体是一个只有一行代码的表达式，只能访问自己参数列表里的参数。

4. return 语句

return 语句（见图 2-25）用来退出函数，并返回指定的对象，当未指定返回对象时，默认返回 None。

```
#必须参数
def demo(number):
  print (number)
# 调用 demo 函数，不加参数会报错
demo( )
#关键字参数
def demo1( gender, name):
  print ("性别: ", gender)
  print ("名字: ", name)
#调用demo1函数
demo1( name="张三", gender="男" )
#默认参数
def demo2( gender, name="张三"):
  print ("性别: ", gender)
  print ("名字: ", name)
  return
#调用demo2函数
demo2( gender="男" )
# 不定长参数
def demo3( number, *numbers ):
  print ("输出: ")
  print (number)
  print (numbers )
# 调用demo3函数
demo3( 1, 2, 3 )
```

图 2-23　参数类型

```
# 语法结构
lambda 参数:表达式
# 实例
number = lambda a,b:a+b
```

图 2-24　匿名函数

```
# 求和
def demo( number1, number2 ):
  sum = number1+ number2
  return sum
# 调用demo函数
sum= sum( 2, 3 )
print ("函数值为 : ", sum) # 结果显示为 "函数值为 : 5"
```

图 2-25　return 语句

2.2　Python 程序语法结构

2.2.1　if 条件结构

if 语句的作用是让程序根据判断条件选择性地执行某条语句。每条 if 语句的核心都是一个值为 True 或 False 的表达式，如果条件测试的值为 True，就执行紧跟在 if 语句后面的代码；如果值为 False，则忽略这些代码，其一般语法如图 2-26 所示。如果 condition1 为 True，则执行 statement1 的语句；如果 condition1 为 False，则判断 condition2 的情况，若 condition2

```
if condition1:
  statement1
elif condition2:
  statement2
else:
  statement3
```

图 2-26　if 语句语法

为 True，则执行 statement2 的语句；若 condition2 为 False，则执行 statement3 的语句。

　　if 语句常用的结构有 if、if-else、if-elif、if-elif-else 等，语句之间可进行相互嵌套。if 语句的每个 condition 后需要使用冒号，表示接下来是满足条件后执行的语句；其次要通过缩进来划分语句块，相同缩进数的语句为一个语句块。if 语句示例如图 2-27 所示。

```
ns=210
if 50<ns<80:
    print ("低比转速泵")
elif 80<ns<150:
    print ("中比转速泵")
elif 150<ns<300:
    print ("高比转速泵")
else:
    print ("未在分类中")
```

图 2-27　if 语句示例

2.2.2　while 循环结构

　　while 语句用于循环执行程序，只要条件成立就反复执行该循环体，若不成立则执行下一条语句。判断条件可以是任何表达式，任何非零、非空（null）的值均为 True，其语句语法如图 2-28 所示。此外，判断条件还可以是个常值，表示循环必定成立。当判断条件为假（False）时，循环结束，如图 2-29 所示。while 语句还有两个重要的命令：continue 和 break，用于跳过循环。continue 用于跳过该次循环，break 用于退出当前循环。

```
# 语法1
while condition1:
    statements1
# 语法2
while condition2:
    statements2
else:
    statements3
```

图 2-28　while 语句语法

```
number = 1
while number < 7:
    print (number , " 小于7")
    number = number + 1
else:
    print (number , " 大于或等于 7")
```

图 2-29　while 语句示例

2.2.3　for 循环结构

　　for 循环适用于已知循环次数的循环程序，常搭配 in 来使用，其结构为 for...in...。for 循环可以遍历任何可迭代对象，如一个列表、元组或者一个

字符串，其语句语法如图 2-30 所示。for 循环中变量的值会在每次循环开始时
自动被赋值，因此程序在循环中不对变量赋值，如图 2-31 所示。

```
for variable in sequence:
    statements
else:
    statements
```

图 2-30   for 语句语法

```
number_list = [3,5,7,9]
for number in number_list:
    print(number)
for i in range(5):
    print(i)
```

图 2-31   for 语句示例

2.2.4   异常处理

异常是一个事件，该事件会在程序执行过程中发生，影响程序的正常执
行。当运行程序发生异常时，解释器会给出异常的错误类型，并告知异常发生
的上下文。try/except 语句用来检测 try 语句块中的错误，从而让 except 语句捕
获异常信息并处理，如图 2-32 所示。try/except 语句首先执行 try 的子句，如
果没有异常发生则忽略 except 子句，如果 try 子句发生了异常，try 子句余下的
部分将被忽略，且异常类型和 except 之后的名称相符，则执行 except 子句，如
图 2-33 所示。

```
try:
    执行代码
except 错误类型:
    发生异常时执行的代码
```

图 2-32   try 语句语法

```
try:
    f = open('name.txt')
except IOError:
    print("不可以打开该文件")
```

图 2-33   try 语句示例

2.3 | Python 模块

2.3.1   模块概述

模块是一个包含所有定义函数和变量的文件，其后缀名是 . py。模块可以
被其他程序引入，以使用该模块中的函数等功能。函数是完成特定功能的一段
程序，是可复用程序的最小组成单位。将功能相近的模块文件放在同一个文件
夹，按照 Python 的规则进行管理，这样的文件夹和其中的文件称为包，库是
功能相关联的包的集合。图 2-34 所示为一个图片处理包结构示例，images 目
录是顶层包名；__init__. py 用来声明该文件夹是一个 Python 包的源程序目录；
formats 目录下存放对应不同文件格式的图片处理程序，格式名就是文件名；
effects 目录下存放的是处理效果的模块。

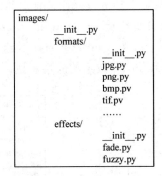

```
images/
        __init__.py
        formats/
                __init__.py
                jpg.py
                png.py
                bmp.pv
                tif.pv
                ……
        effects/
                __init__.py
                fade.py
                fuzzy.py
```

图 2-34   包结构示例

2.3.2   os 模块

os 模块是 Python 中整理文件和目录最为常用的模块。常用的方法有：os. getcwd( ) 获取当前的工作路径；os. listdir(path) 传入一个 path 路径，返回的是该路径下所有文件和目录组成的列表；os. walk(path) 函数深层次遍历指定路径下的所有子文件夹；os. mkdir(path) 函数创建单层文件夹，如果文件夹已经存在，就会报错；os. path. exists(path) 函数判断指定路径下的目录是否存在；os. rmdir(path) 函数删除指定路径下的文件夹，该方法只能删除空文件夹，删除非空文件夹会报错；os. path. join(path1，path2) 函数将两个路径拼接起来，形成一个新的完整路径；os. path. split(path) 函数将路径拆分为绝对路径和文件名部分。

2.3.3   Numpy 模块

Numpy（Numerical Python）是 Python 中科学计算的基础包，提供多维数组对象、各种派生对象（如数组和矩阵），以及用于数组快速操作的各种函数，包括数学、形状操作、排序、傅里叶变换、基本线性代数和基本统计运算等[58]。Numpy 的核心是 ndarray 对象，封装了 Python 原生的同数据类型的 n 维数组，代码在本地进行编译后执行。

1. 数据类型与数组属性

Numpy 有 5 种基本数据类型：布尔数（bool），整数（int），无符号整数（uint）浮点数（float）和复数（complex）。带有数字的名称表示该类型的位大小，如 int32、float64 等。用户在创建数组时可通过关键字参数 dtype 或通过 astype( ) 方法指定该数组的数据类型，如图 2-35 所示。

在 Numpy 中，每一个线性的数组称为轴（axis），即维度（dimensions），轴的数量就是数组的维数。axis=0，表示沿着第 0 轴进行操作，即对每一列进行操作；axis＝1，表示沿着第 1 轴进行操作，即对每一行进行操作。Numpy 数组中比较重要的 ndarray 对象属性有：ndarray. ndim 数组的秩；ndarray. shape 数组的维度，对于矩阵，n 行 m 列；ndarray. size 数组元素的总个数，相当于. shape 中 n∗m 的值；ndarray. dtype 数组的属性示例，如图 2-36 所示。

```
import numpy as np
x = np.array([1,2,3],dtype='int32')
x.astype(float)
y = np.array([1,1,1],dtype=np.float64)
```

图 2-35　数组数据类型示例

```
import numpy as np
x = np.arange(18)
print (x.ndim)        # x只有1个维度
y = x.reshape(3,6)
print (y.ndim)    # y 现在拥有2个维度
print(y.shape)  # y数组形状为(3,6)
print(y.size)   # y的元素个数18
```

图 2-36　数组属性示例

2. 创建数组

Numpy 常用的创建数组的方式有两种：一种是从 Python 其他结构（如列表、元组等）转换；另一种是利用 Numpy 原生数组来创建（如 ones、zeros 等），创建数组时可通过 dtype 指定数据类型，如图 2-37 所示。

```
import numpy as np
# 其他结构转换
x1 = np.array([2,3,1,0])
a = [1,2,3,4]
x2 = np.asarray(a,dtype=np.float)
# Numpy原生数组
x3 = np.ones((3,3))
x4 = np.arange(10)
x5 = np.arange(2,10,dtype=np.float)
x6 = np.linspace(1,5,4)
```

图 2-37　创建数组示例

3. 切片与索引

ndarray 对象可以通过切片或索引来访问和修改，其操作与 Python 中 list 的切片操作类似。数组可以基于 0-n 的下标进行索引，切片对象可以通过内置的 slice 函数，并设置 start、stop 及 step 参数进行，也可通过冒号分隔切片参数 start：stop：step 来进行切片操作，从原数组中切割出一个新数组，如图 2-38 所示。

4. 广播

通常数组间算术运算是在两个数组具有相同形状的基础上进行的，而形状不同的数组则无法进行运算，而 Numpy 的广播规则放宽了这种约束。当运算中的 2 个数组的形状不同时，Numpy 将自动触发广播机制，较小的数组在较大的数组上"广播"，以便它们具有兼容的形状，如图 2-39 所示。

```
import numpy as np
a = np.arange(8)
s = slice(0,6,2)  # 从索引 0 开始到索引6 停止，间隔为2
print (a[s])   # 输出为[0,2,4]
b = a[0,6,2]  # 输出为[0,2,4]
print(a[0])   # 输出为0
print(a[2:7]) # 输出为[2,3,4,5,6]
c = np.array([[1,2,3],[4,5,6]])
print(c[1,2]) # 输出为6
```

图 2-38　数组切片与索引示例

```
import numpy as np
x = np.array([[1,1,1],
              [2,2,2],
              [3,3,3]])
y = np.array([1,1,1])
print(a + b)
#结果为
[[2,2,2]
 [3,3,3]
 [4,4,4]]
```

图 2-39　广播示例

5. 数组操作

常用的数组方法有：numpy. reshape 修改数组形状，可以在不改变数据的条件下修改形状，新的形状应当兼容原有形状；numpy. transpose 翻转数组，用于对换数组的维度；numpy. tile 扩展函数，将一个数组按指定形状进行扩展；numpy. concatenate 连接数组，沿指定轴连接相同形状的两个或多个数组；numpy. split 分割数组，沿特定轴将数组分割为子数组，如图 2-40 所示。

```
import numpy as np
x = np.arange(6)   # 一行[0,1,2,3,4,5]
x1 = x.reshape(2,3) # 两行三列[[0,1,2]
                                [3,4,5]]
print (np.transpose(x1)) #三行两列[[0,3]
                                   [1,4]
                                   [2,5]]
print(np.tile(x),(2,1))#[[0,1,2,3,4,5]
                         [0,1,2,3,4,5]]
a = np.array([[1,1],[2,2]])
b = np.array([[3,3],[4,4]])
print (np.concatenate((a,b),axis = 1))#[[1 1 3 3]
                                        [2 2 4 4]]
print(np.split(x,2))#分割成两个数组[0,1,2] 和[3,4,5]
```

图 2-40　数组操作示例

6. 数组运算

数组的算术运算函数有加、减、乘和除，对应的函数为 numpy. add ( )、numpy. subtract ( )、numpy. multiply ( ) 和 numpy. divide ( )。除了一般的算术运算，Numpy 包含大量各种数学运算的函数，包括三角函数、复数处理函数等。常用的数组运算有：三角函数 numpy. sin ( )、numpy. cos ( )、numpy. tan ( )；numpy. around ( ) 函数返回指定数字的四舍五入值；numpy. floor ( ) 返回小于或者等于指定表达式的最大整数，即向下取整；numpy. ceil ( ) 返回大于或者等于指定表达式的最小整数，即向上取整；numpy. reciprocal ( ) 返回元素的倒数；numpy. power ( ) 将第一个输入数组中的元素作为底数，计算它与第二个输入数组中相应元素的幂；numpy. mod ( ) 计算输入数组中相应元素的相除后的余数。

统计学函数有：numpy. min（）用于计算数组中的元素沿指定轴的最小值；numpy. max（）用于计算数组中的元素沿指定轴的最大值；numpy. median（）用于计算数组中元素的中位数；numpy. mean（）返回数组中元素的算术平均值；numpy. average（）用于计算沿指定轴的加权平均值。数组运算示例如图 2-41 所示。

```
import numpy as np
x = np.array([2.5,3.2,4.9,5.7])
print('正弦值：',np.sin(x))
print('四舍五入：',np.around(x))
print('倒数：',np.reciprocal(x))
print('最大值：',np.max(x))
print('中位数：',np.median(x))
```

图 2-41   数组运算示例

7. 排序和条件函数

Numpy 提供了多种排序的方法，这些排序函数实现不同的排序算法。常用的排序函数有：numpy. sort（ndarray, axis, kind, order）函数返回输入数组的排序副本，参数 axis 为排序轴的方向，kind 为排序算法（默认为快速排序），如果数组包含字段，order 则是排序的字段；numpy. argsort（）函数返回数组值从小到大的索引值；numpy. argmax（）和 numpy. argmin（）分别沿给定轴返回最大元素和最小元素的索引；numpy. nonzero（）返回输入数组中非零元素的索引。常用的条件函数有：numpy. where（）返回输入数组中满足给定条件的元素的索引；numpy. extract（）函数根据某个条件从数组中抽取元素，返回满足条件的元素。排序和条件函数示例如图 2-42 所示。

```
import numpy as np
x = np.array([[1,4],[2,3]])
print (np.sort(x, axis=0,kind='quicksort'))#排序后数组为[[1,3]
                                                      [2,4]]
print (np.argmax(x, axis=0))#返回值为[4,3]
print (np.where(x>3))#返回值为(array([0]), array([1]))
print (np.extract(x>3))#返回值为4
```

图 2-42   排序和条件函数示例

8. 线性代数

Numpy 常用的线性代数函数有：numpy. dot（）计算两个数组的矩阵乘积；numpy. vdot（）计算两个向量的点积；numpy. linalg. det（）计算输入矩阵的行列式；numpy. linalg. solve（）计算矩阵形式的线性方程的解；numpy. linalg. inv（）计算矩阵的乘法逆矩阵，如图 2-43 所示。

```
import numpy as np
a = np.array([[1,1],[1,1]])
b = np.array([[2,2],[2,2]])
print(np.dot(a,b)) #[[4,4]
                       [4,4]]
print (np.vdot(a,b))    #16
print (np.linalg.det(a)) #0
x = np.array([[1,2],[3,4]])
y = np.linalg.inv(x)   #[[-2,1]
                        [1.5,-0.5]]
```

图 2-43　线性代数计算示例

2.3.4　Matplotlib 模块

Matplotlib 是 Python 强大的绘图库，它能将数据图形化，并且提供多样化的输出格式，用来绘制各种静态、动态和交互式的图表[58]。Matplotlib 图由图元素的层次结构组成，每个元素都可以被修改，这些元素包括画布、坐标轴、图形样式、图中文字及注释、图例等。

1. 画布与轴

Matplotlib 绘制图像都必须在 figure（画布）上进行，每个 figure 都可以包含一个或多个 axes。一个 axes 中可以包含整幅图的标题（title）、坐标轴名称（label）、刻度（tick）、图例（legend）、网格（grid）、画图时所选用的标记（markers）等。因此，画图时需首先创建一个画布 figure，在该画布中可以声明一个或多个 axes，每一个 axes 都是一个独立的对象。可以通过 figsize 参数设置图片的大小，dpi 设置图片的分辨率。图 2-44 画布与轴示例通过 plot 绘制了函数 y1 和 y2 两个曲线，最后通过命令 plt.show 让图片显示在窗口，并通过 plt.save 保存图片。

```
import matplotlib.pyplot as plt
import numpy as np
plt.figure(figsize=(13,6),dpi=150)
x = np.linspace(-2*np.pi,2*np.pi,100)
y1 = x**2
y2 = 5*np.sin(x)
plt.plot(x,y1)
plt.plot(x,y2)
plt.show()
plt.save(.\fig1.jpg)
```

图 2-44　画布与轴示例

2. 标签与标题

通过 plt.title（）设置图例的标题，通过 plt.xlabel（）和 plt.ylabel（）方法分别设置 x 轴和 y 轴的标签，通过 plt.legend（）方法设置图线的标题，如

图 2-45 所示。可通过关键字参数 fontdict 以字典的形式设置标题的大小与字体，通过参数 loc 设置标题的位置，如图 2-46 所示。

```
import numpy as np
import matplotlib.pyplot as plt
x = np.linspace(-2*np.pi,2*np.pi,100)
y = 5*np.sin(x)
plt.plot(x, y,label="line-label")
plt.xlabel("x - label",fontdict={'family': 'SimHei', 'size': 15})
plt.ylabel("y - label")
plt.title("fig - title")
plt.legend(loc='upper right')
plt.show()
```

图 2-45   标签与标题示例

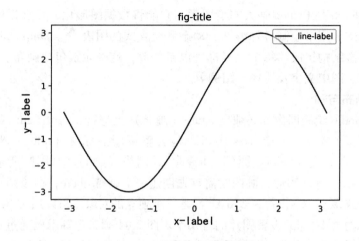

图 2-46   标签与标题示例绘图

3. 绘图标记

通过关键字参数设置绘图的标记：color 设置曲线颜色；linewidth 设置曲线宽度；linestyle 设置曲线风格；marker 设置标记点风格；markersize 设置标记点大小；markerfacecolor 设置标记点内部颜色；markeredgecolor 设置标记点边框颜色；markeredgewidth 设置边框线宽度；alpha 设置颜色透明度，如图 2-47 和图 2-48 所示。

```
import numpy as np
import matplotlib.pyplot as plt
x = np.linspace(-2*np.pi,2*np.pi,100)
y = 5*np.sin(x)
plt.plot(x, y,color='black', linewidth='1', linestyle='-', marker='+', markersize=10,
        markerfacecolor='none', markeredgecolor='black', markeredgewidth=1, alpha=1)
plt.show()
```

图 2-47   绘图标记示例

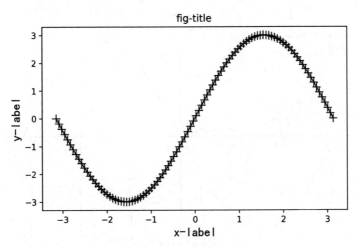

图 2-48　绘图标记示例绘图

4. 坐标轴与网格

对图中坐标轴和网格进行设置,常用的设置方法有:通过 plt. yticks( ) 设置 y 轴刻度;plt. xlim( ) 和 plt. ylim( ) 分别设置 x 轴和 y 轴的标尺范围;通过 plt. gca( ) 获取轴对象,再通过 ax. spines( ) 可以设置轴的颜色和位置等; plt. grid( ) 可以设置网格,axis 参数控制网格线显示的方向,如图 2-49、图 2-50 所示。

```python
import matplotlib.pyplot as plt
import numpy as np
x=np.linspace(-1,1,30)
y=x
plt.yticks([-1,0,1],["bad","normal","good"]) #y轴刻度设置
plt.xlim(-1, 1) #x轴标尺范围
plt.ylim(-1, 1) #y轴标尺范围
ax=plt.gca() # 获取轴
ax.spines["right"].set_color("none")    #右轴透明
ax.spines["top"].set_color("none")    #上轴透明
ax.xaxis.set_ticks_position("bottom")
#下边框选作x轴ax.yaxis.set_ticks_position("left")    #左边框选作y轴
ax.spines["bottom"].set_position(("data",0))#将底下的边框移到y=0处
ax.spines["left"].set_position(("data",0))    #将左边的边框移动到x=0处
plt.grid(color = 'm', linestyle = '--', linewidth = 1,axis='x')
plt.plot(x,y)
plt.show()
```

图 2-49　坐标轴与网格示例

5. 多图绘制

绘制多图有两种方式:subplot(nrows, ncols, index, ** kwargs) 方法在绘图时需要指定图的索引 index,参数 nrows 和 ncols 则控制生成子图的个数;

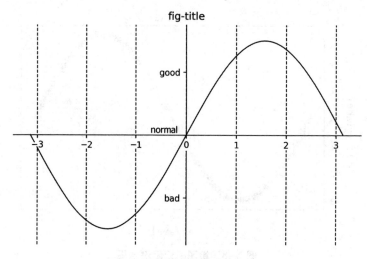

图 2-50　坐标轴与网格示例绘图

subplots（nrows，ncols）方法可以一次生成多个子图，绘图时只需要调用生成对象的 ax 即可，如图 2-51、图 2-52 所示。

```
import matplotlib.pyplot as plt
import numpy as np
x=np.linspace(-1,1,30)
y1=x
y2=2*x
# subplot方法
plt.subplot(1, 2, 1)
plt.plot(x,y1)
plt.title("plot 1")
plt.subplot(1, 2, 2)
plt.plot(x,y2)
plt.title("plot 2")
# subplots方法
fIg, (ax1, ax2) = plt.subplots(1, 2)
ax1.plot(x, y1)
ax2.plot(x, y2)
plt.show()
```

图 2-51　多图绘制示例

2.3.5　Scipy 模块

Scipy 是一个用于数学、科学、工程领域的常用软件包，可以处理最优化、线性代数、积分、插值、拟合、快速傅里叶变换、信号处理、图像处理等[58]。Scipy 库依赖于 Numpy，它提供了便捷且快速的 N 维数组操作，Scipy 和 Numpy 的协同工作可以高效解决很多数学问题。

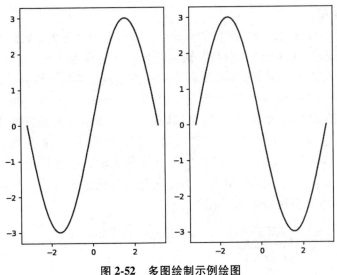

图 2-52　多图绘制示例绘图

1. 常量模块

Scipy 中内置有用于计算的常量 constants 模块（见图 2-53），包括数学常量圆周率 π、物理常数光速、普朗克常数，压强、体积、温度、功率等的众多单位，可以使用 dir( ) 方法来查看 constants 模块包含的常量（见图 2-53）。

2. 优化器模块

Scipy 中的优化器 optimize 模块（见图 2-54）提供了常用的最优化算法函数，根据优化问题的特点直接调用这些函数来求解优化问题。例如，查找函数的最小值可以使用 scipy. optimize. minimize(fun, x, method, callback, options) 方法，其中参数 fun 为要优化的函数、x 为初始猜测值、method 为要使用的方法名称、callback 为每次优化迭代后调用的函数、options 为定义其他参数的字典。求解方程的根可以使用 scipy. optimize. root(fun, x) 方法。

```
from scipy.optimize import minimize,root
from math import cos
# 最小化
def y1(x):
    return x**2 + x + 2
min1 = minimize(y1, 0, method='BFGS')
print(min1)
# 方程根
def y2(x):
    return x + cos(x)
root1 = root(y2, 0)
print(root1)
```

```
from scipy import constants
print(constants.pi)
print(dir(constants))
```

图 2-53　常量模块示例　　　　　　　图 2-54　优化器模块示例

3. 插值模块

插值是一种通过已知、离散的数据点，在范围内推导出新数据点的过程或方法。在机器学习中经常处理数据缺失的数据，插值通常可用于替换这些值，此外还经常在需要平滑数据集中离散点的地方使用插值法，Scipy 的插值 interpolate 模块可以处理这些插值问题。例如，scipy. interpolate. interp1d（x, y）是一维数据的插值运算方法，用于对具有 1 个变量的分布进行插值，它需要 x 和 y 点并返回可以用新的 x 调用的可调用函数，并返回相应的 y；scipy. interpolate. UnivariateSpline（）为样条插值方法，一般用于多项式定义的分段函数；scipy. interpolate. Rbf（）为径向基函数插值方法，一般用于曲面插值，如图 2-55 插值模块示例所示。

```
from scipy.interpolate import interp1d,UnivariateSpline,Rbf
import numpy as np
# 一维插值
x = np.arange(8)
y = 2*x + 1
interp_func = interp1d(x, y)
result = interp_func(np.arange(2.1, 3, 0.1))
print(result)
# 样条插值
y2 = x**2 + np.sin(x) + 1
interp_func2 = UnivariateSpline(x, y2)
result2 = interp_func(np.arange(2.1, 3, 0.1))
print(result2)
# 径向基函数插值
interp_func3 = Rbf(x, y2)
result3 = interp_func(np.arange(2.1, 3, 0.1))
print(result3)
```

图 2-55   插值模块示例

4. 快速傅里叶变换

快速傅里叶变换（见图 2-56）可用于信号和噪声处理、图像处理、音频信号处理等领域，scipy 中的快速傅里叶变换 fftpack 模块，可计算信号的快速傅里叶变换。一维离散傅里叶变换可以先对数据进行 scipy. fftpack. fft 快速傅里叶变换，然后再进行 scipy. fftpack. ifft 快速傅里叶逆变换。

```
from scipy.fftpack import fft,ifft
x = np.array([1.0, 2.0, 1.0, -1.0, 1.5])
y = fft(x)
print(y)
yinv = ifft(y)
print(yinv)
```

图 2-56   快速傅里叶变换示例

2. 3. 6   xlsxwriter 模块

xlsxwriter 模块只能用来写入 excel 文件，文件格式仅为 EXCEL 高版本的 XLSX。如果需要创建低版本的 XLS 文件，可采用 xlwt 模块。xlsxwriter 模块功能强大，可实现字体、前景色背景色、单元格合并、行高和列宽等表格操作。

此外，若数据量大，可以启用 constant memory 模式，对数据进行顺序写入，类似于生产者-消费者模式，得到一行数据就写入一行数据，不会把所有数据存储在内存中。

下面将对 xlsxwriter 模块中常用函数进行描述。

1. 新建 excel 表格

采用 Workbook 函数创建一个新的 Excel 表格。函数表达式为：workbook = xlsxwt. Workbook（excel_path），excel_path 为新建 excel 表的路径。

2. 新建工作表

采用 add_worksheet 函数创建工作表（Sheet）。函数表达式为：worksheet0 = workbook. add_worksheet（'performance_data'）。即创建的工作表名为 performance_data。

3. 设置单元格的格式

基于字典方式采用 add_format 函数直接快速设置单元格的格式。"bold"表示字体是否加粗。"border"表示单元格边框宽度。"font_name"表示字体。"font_size"表示字体大小。"color"表示字体颜色。"align"表示对齐方式。"valign"表示字体对齐方式。"text_wrap"表示是否自动换行。单元格样式代码如图 2-57 所示。

```
title_style0 = workbook.add_format({
        "bold": True,"border": 1,'font_name': 'Times New Roman',
        'font_size': 14,"color":"FF0000",'align': 'center',
        "valign": 'vcenter','text_wrap': 1
        })
```

图 2-57　单元格样式代码

4. 单元格合并

采用 merge_range 函数可以对多个单元格进行合并成一个单元格。函数表达式：worksheet0. merge_range（first_row, first_col, last_row, last_col, '性能测试数据', title_style0），另外一种表达式：worksheet0. merge_range（'A1：B1', '性能测试数据', title_style0），最终结果是将 A1 和 A2 单元格合并。

5. 数据写入

采用 write 函数可将数字、字符串、布尔数、空格和公式写入到单元格。函数调用方法为：worksheet0. write（row, col, data），或者 worksheet0. write（'A1', data）。worksheet0. write_formula（'E2', '=B2+C2'），即把 B2 和 C2 单元格的数值相加写入 E2 单元格。

编写的数据写入代码（见图 2-58），包括单元格样式、合并等设置，输出的写入数据的 excel 表格如图 2-59 所示。

```
import xlsxwriter as xlsxwt
import warnings
warnings.filterwarnings('ignore')
xlsxfilename='D:\\BaiduNetdiskWorkspace\\work\\book\\2_chapter\\test.xlsx'
workbook = xlsxwt.Workbook(xlsxfilename)
title_style0 = workbook.add_format({
        "bold": True,"border": 1,'font_name': 'Times New Roman',
        'font_size': 11,"color":"000000","align": 'center',
        "valign": 'vcenter','text_wrap': 1
    })
worksheet0 = workbook.add_worksheet('performance_data')
worksheet0.merge_range(0, 0, 0, 11,'性能测试数据',title_style0)
worksheet0.set_column(1,11,8)
title0=['型号：','测试单位：','流量：','转速：','效率：','泵出口直径：']
title1=['测试人员：','测试时间：','扬程：','功率：','泵进口直径：','水温：']
for i in range (0,6):
    worksheet0.merge_range(i+1, 0, i+1, 1, title0[i],title_style0)
    worksheet0.merge_range(i+1, 6, i+1, 7, title1[i],title_style0)
unit0 = ['','','m^3/h','r/min','%','mm']
unit1= ['','','m','kW','mm','°C ']
for i in range (0,6):
    worksheet0.write(i+1, 5, unit0[i],title_style0)
    worksheet0.write(i+1, 11, unit1[i],title_style0)
headings1= ['序号','流量','进口静压','进口总压','出口静压','出口总压','扭矩',
'转速','扬程','输出功率','输入功率','效率']
headings2= ['','m^3/h','kPa','kPa','kPa','kPa','N.m','r/min','m','kW','kW','%']
worksheet0.write_row('A8',headings1,title_style0)
worksheet0.write_row('A9',headings2,title_style0)
# 保存
workbook.close()
```

图 2-58　数据写入代码

	A	B	C	D	E	F	G	H	I	J	K	L
1						性能测试数据						
2	型号：						测试人员：					
3	测试单位：						测试时间：					
4	流量：					m 3/h	扬程：					m
5	转速：					r/min	功率：					kW
6	效率：					%	泵进口直径：					mm
7	泵出口直径：					mm	水温：					°C
8	序号	流量	进口静压	进口总压	出口静压	出口总压	扭矩	转速	扬程	输出功率	输入功率	效率
9		m 3/h	kPa	kPa	kPa	kPa	N·m	r/min	m	kW	kW	%

图 2-59　写入数据的 excel 表

6. 绘制图表

采用 add_chart 函数可以对表格中数据进行图表绘制，图表类型包括面积图、条形图、柱形图、折线图、饼图和散点图等。函数调用方法是：chart0 = workbook. add_chart({'type':' scatter',' subtype':' smooth_with_markers'})。

excel 定义的图表类型分两级类别描述，第一级有九大类，如表 2-1 所示。

表 2-1　图表类型

一级类型	二级类型
area 面积图	stacked
	percent_stacked
bar 转置直方图	stacked
	percent_stacked
column 柱状图	stacked
	percent_stacked
scatter 散点图	straight_with_markers
	straight
	smooth_with_markers
	smooth
line 直线图	stacked
	percent_stacked
radar 雷达图	with_markers
	filled
pie 饼状图	—
doughnut 环形图	—
stock 股票趋势图	—

编写绘制图表的代码如图 2-60 所示，生成散点图和柱状图。如图 2-61 所

```
xlsxfilename='D:\\BaiduNetdiskWorkspace\\work\\book\\2_chapter\\
test01.xlsx'
workbook = xlsxwt.Workbook(xlsxfilename)
data = [
    [1, 2, 3, 4, 5],
    [3, 6, 9, 12, 15]]
worksheet = workbook.add_worksheet()
worksheet.write_column('A1', data[0])
worksheet.write_column('B1', data[1])

chart0          =          workbook.add_chart({'type':'scatter',          'subtype':
'straight_with_markers'})
chart0.add_series({
    'categories': '= Sheet1!$A$1:$A$5',
    'values': '= Sheet1!$B$1:$B$5',
    })
worksheet.insert_chart('D2', chart0)

chart = workbook.add_chart({'type': 'column', 'subtype': 'percent_stacked'})
chart.add_series({'values': '=Sheet1!$A$1:$A$5'})
chart.add_series({'values': '=Sheet1!$B$1:$B$5'})
worksheet.insert_chart('D10', chart)
# 保存
workbook.close()
```

图 2-60　绘制图表代码

示为 straight_with_marker 类型的散点图，如图 2-62 所示为 straight 类型的散点图，两者的区别是只需修改 add_chart 函数中 subtype。如图 2-63 所示为两列数据的百分比堆叠柱形图，如果执行 chart＝workbook. add_chart（{' type '：' column '}）代码，则柱状图如图 2-64 所示。

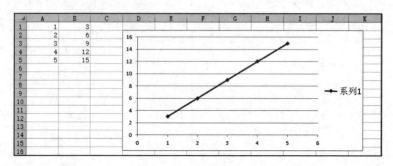

图 2-61　straight_with_marker 类型的散点图

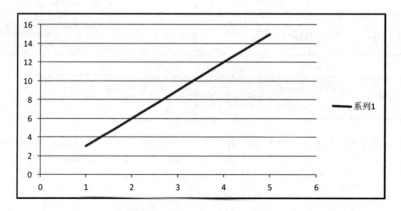

图 2-62　straight 类型的散点图

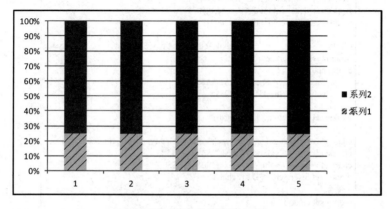

图 2-63　百分比堆叠柱形图

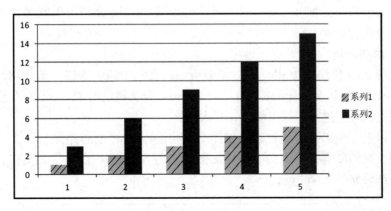

图 2-64 柱状图

2.3.7 docx 模块

docx 模块用于自动化处理 word 文档，处理方式是面向对象，把 word 文档中的段落、文本、字体等对当作对象进行编程。在 docx 模块中 Document 的对象，即一个 word 文档。Paragraph 对象为 word 文档中的一个段落。下面将对 docx 模块中的主要函数进行详细说明。

1. 打开文档或新建空白文档

采用 docx 模块中的 Document 函数可打开 word 文档模板，对模板中文字、表格、图片进行替换，也可以新建一个空白的 word 文档，将文本、图片、表格等写入文档中。函数调用方法为：document = Document（file_docx_path），其中 file_docx_path 为文档路径。

2. 添加文档标题

采用 docx 模块中的 add_heading 函数可在文档中增加标题，函数调用方法为：docx_file. add_heading(heading_title , level = 0)，其中 heading_title 为标题内容，level 是指标题等级，如标题 1、标题 2、标题 3 等。

3. 添加文档段落

采用 docx 模块中的 add_paragraph 函数可在文档中增加段落，即正文文本，函数调用方法为：para1 = docx _file. add _ paragraph ( )，其中 run = para1. add _ run(text)，text 为正文文本内容。此外修改正文字体的函数为：run. font. name ='Times New Roman'和 run. _element. rPr. rFonts. set (qn(' w：eastAsia ')，u '宋体')。修改字体大小函数为 run. font. size = Pt(14)。

4. 插入图片

采用 docx 模块中的 add_picture 函数可以文档中插入图片，函数调用方法为：docx_file. add _ picture (filepath _pic，width = Inches (5)，height = Inches (3))。

其中，filepath_pic 为插入图片的路径，width 和 height 分别为限定图片宽度和高度，单位为英寸。

5. 添加表格

采用 docx 模块中的 add_table 函数可以在文档中插入表格，函数调用方法为：docx_file. add_table(row, col)，其中 row 为表格的行数，col 为表格的列数。通过对每行进行字符串赋值，写入表格。

将以上主要函数写入程序，如图 2-65 所示。程序的思路是打开文档、添加标题、增加段落、写入文本、添加图片、写入表格和保存 docx 文档。程序运行的结果如图 2-66 所示。

```
from docx import Document
from docx.oxml.ns import qn
from docx.shared import Pt
from docx.shared import Inches
docx_file = Document()
docx_file.add_heading('LabVIEW编程',0)
docx_file.add_heading('docx模块',1)
para1=docx_file.add_paragraph()
# 初始化建立第一个自然段
run=
para1.add_run("docx模块是用于自动化处理word文档，处理方式是面向对
象。")
run.font.name = 'Times New Roman'
run._element.rPr.rFonts.set(qn('w:eastAsia'), u'宋体')
run.font.size = Pt(14)
# 添加图片
docx_file.add_picture('code_pic.bmp',width = Inches(6),height=Inches(3))
# 添加表格
run_table = docx_file.add_table(rows = 2,cols = 2)
hdr_cells = run_table.rows[0].cells
hdr_cells[0].text = 'Name'
hdr_cells[1].text = 'Age'
hdr1_cells = run_table.rows[1].cells
hdr1_cells[0].text = 'WANG'
hdr1_cells[1].text = '31'
# 保存文档
docx_file.save('chapter_2.docx')
```

图 2-65　docx 文档生成代码

2.3.8　docx2pdf 模块

采用 docx2pdf 模块中的 convert 函数将 word 文档转换到 PDF 文件。函数调用方法为：convert（'chapter_2. docx'）。在 word 文档同一路径下生成相同文件名的 PDF 文件。图 2-65 所示为 docx 文档生成代码，生成的 docx 文档如图 2-66 所示。

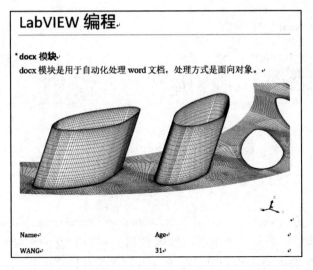

图 2-66　生成的 docx 文档

第3章 LabVIEW 程序基础

LabVIEW（Laboratory Virtual Instrumentation Engineering Workbench）即实验室虚拟仪器工程平台，是由美国国家仪器公司所开发的图形化程序编译平台[59]。与传统编程语言的不同点在于，图形化语言程序流程采用"数据传输流"的概念，打破传统思维模式，使得程序设计者在流程图构思完毕的同时也完成了程序的编写。

3.1 LabVIEW 语言

3.1.1 入门 VI

在 LabVIEW 中编写的程序称为 VI。打开 LabVIEW，新建 VI，可以看到两个空白窗口。左侧为"程序框图"窗口，即为 VI 程序的图形化源代码集合，决定了 VI 的运行逻辑和程序功能。右侧为"前面板"窗口，即为 VI 程序的用户操作界面，是 VI 程序的交互式输入和输出界面。LabVIEW 新建 VI 示例如图 3-1 所示。

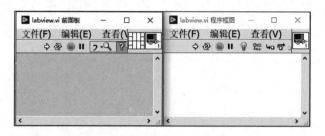

图 3-1 LabVIEW 新建 VI 示例

经典的"Hello World"是大多数人的编程入门，如图 3-2 所示即为 LabVIEW 中的"Hello World"经典代码，由字符串常量和字符串显示控件组成，运行程序，前面板上的字符串显示控件即可显示该字符串常量的内容——
"Hello World"。

图 3-2　LabVIEW 的"Hello World"经典代码

3.1.2　快捷操作

"工欲善其事必先利其器"，熟悉程序开发软件的快捷键，可以帮助开发
人员提升开发效率。LabVIEW 常用快捷键如表 3-1 所示。

表 3-1　LabVIEW 常用快捷键

快捷键操作	功能
Ctrl+N	新建 VI
Ctrl+O	打开 VI
Ctrl+E	切换前后面板
Ctrl+H	打开/关闭及时帮助
Ctrl+B	清除所有断线
Ctrl+E	切换前后面板
Ctrl+T	左右栏显示前后面板
Ctrl+S	保存 VI
Ctrl+R	运行 VI
Ctrl+W	关闭当前 VI
Ctrl+I	打开 VI 属性
Ctrl+A	全选对象
Ctrl+F	搜索对象或文本
Ctrl+L	显示错误列表
Ctrl+Y	显示历史信息
Ctrl+/	最大化/还原窗口
Ctrl+鼠标拖动	克隆对象

3.1.3　子 VI

在模块化编程方法中，通过定义不同的函数实现不同的功能，需要时便在
主函数中调用对应函数，避免代码重复的同时便于维护。在 LabVIEW 中，子 VI
扮演着类似子函数的角色。子 VI 的调用有多种方式，最直接的是将子 VI 的图标
用鼠标拖入引用 VI，或者在函数面板中选择"VI"选项，手动选择 VI。一个完

整的 VI 应包括前面板、程序框图、连线板及图标四部分。在仅靠一个 VI 即可完成任务的程序中，连线板及图标作用有限，采用系统默认设置即可。而当程序结构复杂，需要调用子 VI 时，连线板及图标两者便不可或缺。

如图 3-3 连线板模式选择所示，连线板位于前面板右上角，用于明确子 VI 的输入与输出参数，左侧为输入，右侧为输出，可以通过"右键单击"→"模式"选择不同数量的输入输出线端。设置输入输出线端时，利用连线工具，先后分别单击输入输出线端及对应的输入输出控件，即可完成设置。

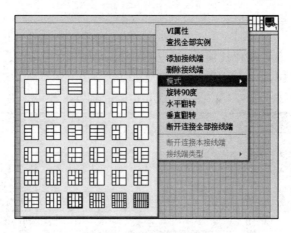

图 3-3　连线板模式选择

图标位于前面板和程序框图的右上角，是所调用子 VI 的显示形式，用于与其他 VI 相区分。双击图标即可进入图标编辑器（见图 3-4），完成图标自定义。图形制作较为繁琐，可以直接用简要的文字说明代替。

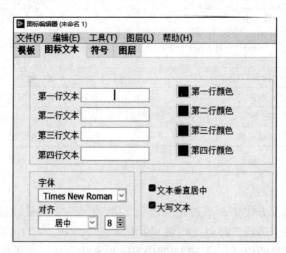

图 3-4　图标编辑器

3.2　LabVIEW 基本函数

LabVIEW 是通过各种内置的基本函数来实现对数据的操作的。工程中常用的基本函数有数组函数、字符串函数、簇函数、公式函数等[59]，下面分别予以介绍。

3.2.1　数组函数

数组是 LabVIEW 中最常用到的数据类型，其数组函数选板中提供了大量专门操作数组的函数，灵活掌握这些函数即可实现丰富的程序功能。

1. 数组大小函数

在函数选板中，选择"编程"→"数组"→"数组大小"函数。数组大小函数主要用于计算数组的各维长度信息。如图 3-5 数组函数示例 1 所示，输入 5 行 4 列的二维数组，返回一个一维数组［5 4］，对应数组的行数和列数。

2. 索引数组函数

索引数组函数用于返回指定地址下的元素或数组。对于二维数组，可以设置索引列或行。设置索引行值为 3，列值为 3，则返回位于第 3 行数组［51 53 85 96］或第 3 列数组［13 4 6 85 22］（见图 3-5）。

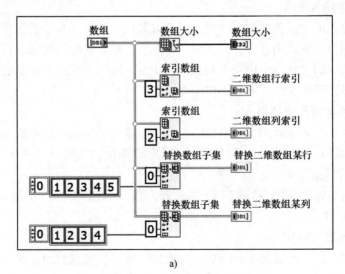

a)

图 3-5　数组函数示例 1

a）示例 1 程序框图

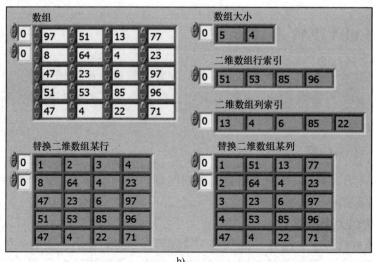

b)

图 3-5　数组函数示例 1（续）

b）示例 1 前面板

3. 替换数组子集函数

替换数组子集函数用于替换部分数组，将一维数组［1 2 3 4 5］或数组［1 2 3 4］替换二维数组中第 0 行或第 0 列，返回替换后的二维数组，如图 3-5 数组函数示例 1 所示。

4. 数组插入函数

数组插入函数用于在数组中插入元素或数组。插入元素个数少于该维长度时，空出部分将默认由 0 补齐。如图 3-6 所示，在二维数组的第 3 行插入 1 行数组，返回新的二维数组中第 3 行数组［1 2 3 4 5］。在二维数组的第 2 行插入 1 行数组，返回新的二维数组中第 2 列数组［1 2 3 4］。

5. 删除数组元素函数

删除数组元素函数用于删除数组中一个元素或子数组，设置删除的行数为 2 或 3，则返回删除第 2 行后的数组或删除第 3 列后的数组（见图 3-6）。

6. 转置数组函数

转置数组函数用于将数组行变成列，数组列变成行，返回 4×5 的数组（见图 3-6）。

7. 一维数组排序

一维数组排序函数用于返回数组元素按照升序排列的数组，第 2 行数组排序后为［6 23 47 97］，如图 3-6 数组函数示例 2 所示。

8. 初始化数组函数

初始化数组函数可以通过设置数组元素值及数组大小完成数组初始化。如图 3-7 所示，利用该函数生成一初始元素均为 0 的 4×4 二维数组。

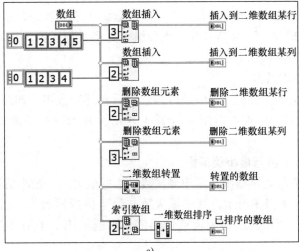

a)

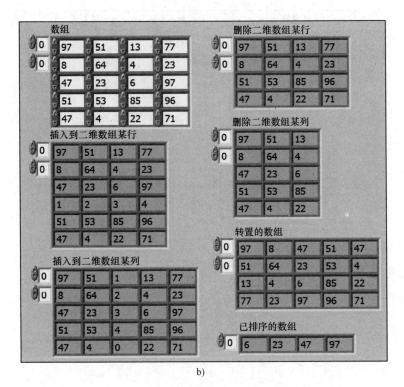

b)

图 3-6   数组函数示例 2

a）示例 2 程序框图   b）示例 2 前面板

9. 创建数组函数

创建数组函数可以通过连接多个元素或数组来创建新的数组。如图 3-7 所示，先将元素 1，2，3，4 连接为一维数组，再将其与元素均为 0 的 4×4 二维数组相连完成 5×4 数组的创建。

10. 数组子集函数

数组子集函数通过设置索引及偏移量可返回部分数组。如图 3-7 所示，通过该函数返回前述 5×4 数组第 4 行第 3 列元素开始行列长度均为 2 的数组子集。

11. 数组最大值与最小值函数

数组最大值与最小值函数用于寻找数组中的最大值、最小值及其索引。如图 3-7 数组函数示例 3 所示，其中最大值与最小值返回数值，索引返回数组。若数组中出现多个相同的最大值或最小值，则返回第一个最大值或最小值的索引。

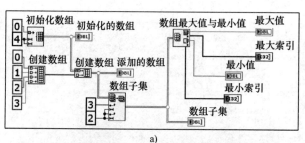

a)

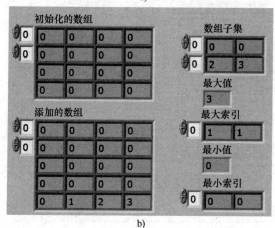

b)

图 3-7   数组函数示例 3

a）示例 3 程序框图   b）示例 3 前面板

3.2.2　字符串函数

LabVIEW 内置的字符串操作函数可对字符串进行连接、截取和替换等编辑操作。

1. 字符串长度函数

字符串长度函数主要用于测量字符串的长度，其输出为长整型数值。如图 3-8 字符串函数示例 1 所示，输入字符串为 "PUMP monitor system"，通过该函数得到其长度为 19，此处空格也将作为一个长度。

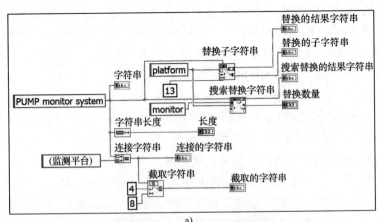

a)

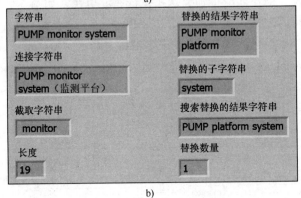

b)

图 3-8　字符串函数示例 1

a）示例 1 程序框图　b）示例 1 前面板

2. 连接字符串函数

连接字符串函数将两个或多个字符串按由上到下的顺序连接为一个字符串。默认为连接两个字符串，若需连接多个字符串可将光标置于下边界下拉函数边框，即可出现多个接口。如图 3-8a 所示，通过该函数将 "PUMP monitor system"和"（监测平台）"相连得到"PUMP monitor system（监测平台）"。

3. 截取字符串函数

截取字符串函数用于截取输入字符串的一部分，从偏移量位置开始截取一定长度的子字符串。如图 3-8a 所示，从字符串"PUMP monitor system（监测平台）"第 4 个字符开始截取长度为 8 的子字符串"monitor"。

4. 替换子字符串函数及搜索替换字符串函数

替换子字符串函数及搜索替换字符串函数主要功能均为替换字符串某一部分，但方式不同。替换子字符串函数在被替换字符串的指定位置开始执行替换，不指定长度时则默认为子字符串长度，替换完成后输出替换的子字符串。搜索替换字符串函数则在被替换字符串中搜索目标字符或字符串，并将其替换为指定字符，替换完成后可输出替换数量。如图 3-8 所示，利用替换子字符串函数从被替换字符串"PUMP monitor system"第 13 个字符"s"处开始替换为"platform"，替换结果为"PUMP monitor platform"，被替换的子字符串为"system"。利用搜索替换字符串函数将被替换字符串中的"system"替换为"platform"，完成 1 处替换，达到相同效果。

5. 匹配模式函数及匹配正则表达式函数

匹配模式函数及匹配正则表达式函数均从偏移量开始在字符串中搜索正则表达式，搜索到匹配后将字符串分隔为三个子字符串。匹配模式只提供较少的字符串匹配选项，但比匹配正则表达式执行速度更快。如图 3-9 字符串函数示例 2 所示，利用匹配模式在字符串"PUMP monitor system"中从头匹配"monitor"，子字符串之前为"PUMP"，子字符串之后为"system"，而偏移量为 2 时能匹配到"monitor"，故匹配字符串则为正则表达式中的"monitor"。匹配正则表达式［a-z］意为匹配所有小写字母，匹配到了字符串"PUMP monitor system"中第一个小写字母"m"，匹配之前为"PUMP"，匹配之后为"onitor system"。

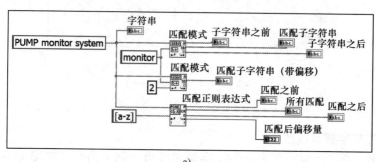

a)

图 3-9　字符串函数示例 2

a）示例 2 程序框图

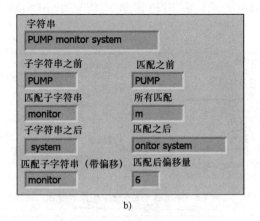

b)

图 3-9　字符串函数示例 2（续）

b）示例 2 前面板

3.2.3　簇函数

簇是 LabVIEW 中常用的复合数据类型。簇中的元素既有独立标签，又有次序，既可按照标签寻找簇中元素，也可按照次序寻找簇中元素，簇函数一般包括以下几类。

1. 按名称捆绑函数

按名称捆绑函数将元素按名称捆绑为一个簇，也可以替换一个或多个簇元素。捆绑的本质是替换操作，在使用时，需先指定数据类型供程序识别，使函数正常捆绑。如图 3-10 所示使用了三个按名称捆绑函数，第一个将数组［0 1］和数值 3 捆绑为簇，第二个发挥替换功能，将簇中的数组［0 1］替换为［1 0］，第三个将两个簇捆绑在一起，组成新簇。按名称捆绑和解绑簇是推荐使用的捆绑方式，远比按次序捆绑和解绑更为直观。

2. 按名称解除捆绑函数

按名称解除捆绑函数可以按名称返回簇中的元素，可以同时返回多个簇元素。此函数的另一个功能是可以直接提取出多层嵌套簇中的元素。如图 3-10 所示，嵌套簇中的数组、数值、布尔及字符串函数分别被提取出。

3. 捆绑函数

捆绑函数将独立的元素按次序捆绑为簇，也可以用来改变簇中的元素值。如图 3-10 所示，利用该函数将布尔元素和字符串元素"LabVIEW"组合成簇。

4. 解除捆绑函数

解除捆绑函数按次序返回簇中的各元素，连接到簇时将根据簇的大小自

动调整。如图 3-10 所示，利用该函数获得簇数组中的唯一字符串元素
"PUMP"。

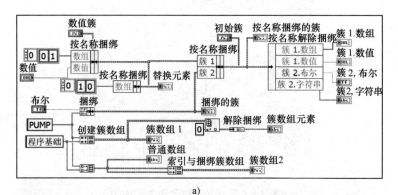

a)

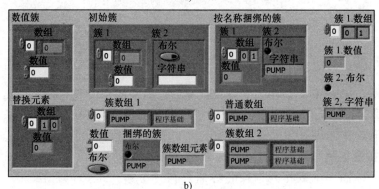

b)

图 3-10 簇函数示例

a）示例程序框图 b）示例前面板

5. 创建簇数组函数

创建簇数组函数将每个元素捆绑为簇，再将这些簇组成数组。如图 3-10
所示，利用该函数将两个字符串元素 "PUMP" 和 "程序基础" 分别捆绑为簇
再将它们组成数组，这与普通数组有所区别，可以对比示例中的簇数组 1 和普
通数组。

6. 索引与捆绑簇数组函数

索引与捆绑簇数组函数用于对多个数组建立索引，并创建簇数组，第 i 个
元素包含每个数组的 i 个元素。如图 3-10 簇函数示例所示，利用该函数将两个
包含字符串元素 "PUMP" 和 "程序基础" 的数组捆绑为簇数组 2。簇数组 2
中的两个簇元素，一个包含两个字符串元素 "PUMP"，另一个包含两个字符
串元素 "程序基础"。

3.2.4　公式函数

在 LabVIEW 程序中编写复杂数学运算式时，一种便捷方法是采用公式函数。

1. 公式快速 VI

公式快速 VI 配置界面如图 3-11 所示。公式快速 VI 适合不太复杂的多输入运算，在函数选板中，依次选择"数学"→"脚本与公式"→"公式"即可调出。其配置界面类似计算器，可设置 8 个输入参数，并自行指定标签。在上方白色方框内输入公式，右上方指示灯可以检查语法是否存在问题，绿色表示输入正确，其中还提供了多种内置的数学函数。在图 3-11 中输入泵转速 n、流量 Q 和扬程 H，可计算比转速。

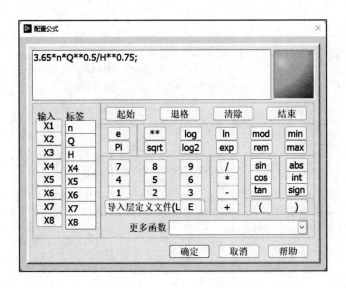

图 3-11　公式快速 VI 配置界面

2. 公式节点

公式节点是 LabVIEW 内置工具，采用类似 C 语言的语法编写公式，程序语句以分号";"结尾，其参数可以从框外输入，也可以自行在框中定义。定义参数时需指定数据类型，int 是默认的整数，float 是默认的浮点数，并支持 abs、cos、exp、int、ln、log、max、min、sin、tan 等函数及 C 语言中常见的条件结构、循环结构等。图 3-12 所示的公式函数示例为叶轮轴向力计算相关公式，输入参数即可完成框内公式计算。

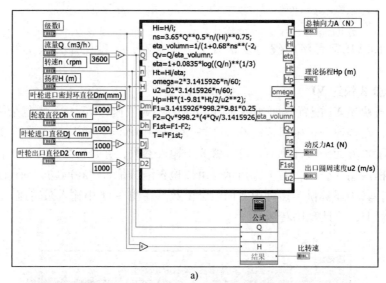

图 3-12　公式函数示例

a）示例程序框图　b）示例前面板

3.3 | LabVIEW 程序运行结构

3.3.1　条件结构

　　LabVIEW 中的 if-else 语句是用条件结构来实现的。条件结构包含多个分支，可以在右键单击菜单中进行添加分支、删除分支、设置默认分支等操作，在找不到与条件匹配的分支时将执行默认分支内的代码。分支所支持的主要数据类型有布尔数、数值等。条件结构左侧的"?"为分支选择器，用于与外部需要判断的数据连接。在无数据输出的分支中，输出隧道可不连接，设置为默认。如图 3-13 所示为条件结构程序框图、图 3-14 所示为条件结构前面板，首先利用布尔开关通过外层条件结构判断是否执行内部判断程序，再由内部条件结构判断输入数值是正、负或零，并分别在字符串显示控件中输出相关信息。在内部条件分支中，".. -1"表示小于或等于-1 的所有整数，"1.."表示大于或等于 1 的所有整数，".."即为一段区间。

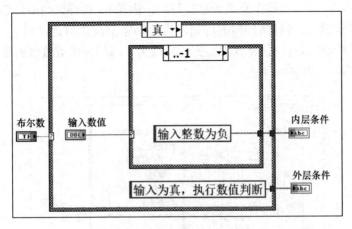

图 3-13　条件结构程序框图

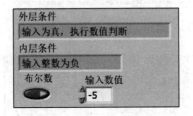

图 3-14　条件结构前面板

3.3.2　for 循环结构

LabVIEW 中的 for 循环用于实现固定次数的循环计算。for 循环由循环总数和循环计数组成，当循环次数达到设定总数时，for 循环自动停止。如果需要添加 for 循环结束条件，则右击 for 循环框体，选择条件接线端，通过布尔数控制 for 循环结束。

在 for 循环结构中，数据进出循环的方法有：循环隧道、自动索引和移位寄存器三种。循环隧道的作用是所有数据一次性进出循环结构与循环总数无关，或者是循环结构内部数据最后一个数据输出。调用方法是隧道模式为最终值。自动索引的作用是数组中的元素逐一进入循环结构，或者是循环结构内部数据累积形成一个数组输出。调用方法是隧道模式为索引。移位寄存器在循环结构中能进行数据传递和存储。调用方法是右击循环结构边框，选择"添加移位寄存器"。完成一次循环迭代时，数据存储在移位寄存器的右侧端子，下一次迭代时，右侧端子的数据传递到移位寄存器的左侧端子，作为输入值。

如图 3-15 和图 3-16 所示为 for 循环结构框图及循环前面板，自动索引隧道数组是循环 4 次后通过自动索引得到的，二维数组是通过两层 for 循环结构得到的，外层 for 循环结构中总数为数组行数，内层 for 循环结构中总数为数组列数。循环隧道数值通过循环隧道得到，为自动索引隧道数组的最后一个数据。移位寄存器数值通过移位寄存器得到，其值为 1 与循环次数数值的累加，循环次数从 0 开始，共循环 4 次。

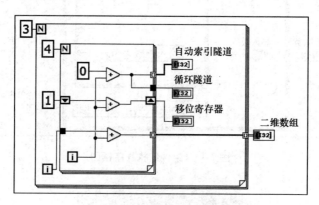

图 3-15　for 循环结构框图

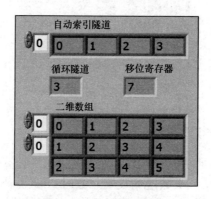

图 3-16　for 循环前面板

3.3.3　while 循环结构

while 循环的作用与 for 循环类似，用于重复执行结构中的代码，两者的区别在于 for 循环需设定循环次数，while 循环则需设定终止条件或循环条件。使用 while 循环时，为避免过度占用计算机资源，最好加入延时操作，可搭配等待时间函数一同使用。while 循环结构左下角"i"为循环次数，右下角方框内圆图标为终止条件，可设置为"真（T）时停止"、"真（T）时继续"等。while 循环的数据输入输出隧道亦可使用移位寄存器。

如图 3-17 while 循环示例所示，每次循环等待时间为 50ms，当循环至输入值次数时，循环终止。利用移位寄存器和循环次数计算输入值的阶乘，输入值为 6 时，结果为 720。

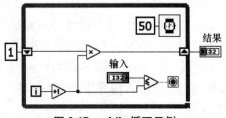

图 3-17　while 循环示例

3.3.4　顺序结构

LabVIEW 是由数据流驱动的多线程并行的编程语言，当需要顺序执行两段无任何连线的程序时，顺序结构就派上了用场，这是其特有的一种程序结构。顺序结构中的每一段成为一帧，可在边框处右键单击添加或删除。顺序结构有两种：平铺式顺序结构和堆叠式顺序结构，两者本质功能相同，可以自由转换，区别在于平铺式顺序结构可显示每一帧的分支，而堆叠式顺序结构只能显示某一帧的分支。顺序结构的常见应用之一是计算程序运行时间，如图 3-18 顺序结构示例所示。采用平铺式顺序结构，起始帧和结尾帧各有一时间计数器函数，两者数值相减，即可得到中间帧程序运行时间，指示灯用于显示程序是否处于运行中，程序结束时，运行时间为 5000ms。

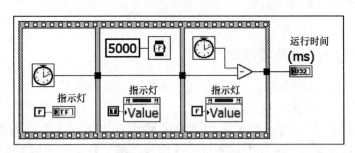

图 3-18　顺序结构示例

3.3.5　事件结构

事件结构能感知全局事件，在相应外部事件发生后触发，根据不同事件执行相应分支。一个事件分支可以处理多个事件，可在编辑事件中添加。事件结构在感知事件发生的同时获得相关数据，这些数据可在左侧的事件数据节点中得到。多个事件结构运行复杂，应尽量避免在一个 VI 上使用多个事件结构。事件结构通常与 while 循环搭配使用，被置于 while 循环内，得以处理连续事件。能够被监测的事件按产生源可分为 6 大类：<应用程序>、<本 VI>、动态、窗格、分隔栏、控件。最常使用的是控件类，用以监控控件的值改变。事件结构与条件结构有着类似的构成，也可以在右键单击菜单中添加、编辑事件分支。创建事件结构时，有一默认分支"超时"，意为事件结构在监测事件是否发生时可设置时间限制，超出时间将执行"超时"分支内的代码。具体限制时间可在事件结构左上角蓝色沙漏图标处设置，单位为毫秒，默认为"−1"，意为永不超时。如图 3-19 事件结构示例所示，外层 while 循环保证事件结构持续监控事件，当输入值发生改变时，将执行与原值相加操作，实现对输入值的累加。

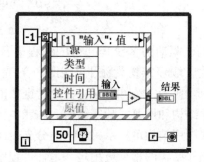

图 3-19   事件结构示例

3.4 | 程序设计模型

3.4.1 生产者-消费者模式

生产者-消费者模式可以同时间执行的两个 while 循环代码，且不会相互影响执行速度，有效提高程序灵活性。

生产者-消费者设计模式采用队列的数据存储方式。队列的数据存储是一个数据缓存区，依据先进先出的原则进行的。新来的元素被加入队尾，每次离开的元素总是队列开始处的，保证数据传递过程中不会发生数据丢失的现象。

生产者的作用是产生信息，并将数据放入队列。消费者的作用是提取信息并进行分析。如图 3-20 所示为信号采集及频谱分析相互独立的生产者-消费者模式。程序运行结果如图 3-20b 所示。当停止程序时，频谱图自动清空，表明进入队列的数据未传递到出队列循环中。

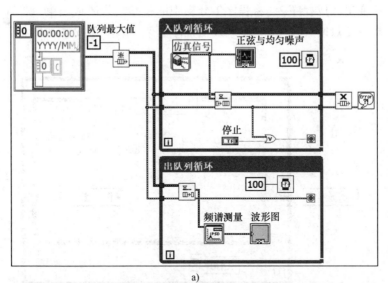

a)

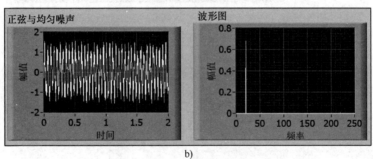

b)

图 3-20　生产者-消费者模式

a）程序框图　　b）前面板时域及频域图

3.4.2　状态机

状态机是在工程应用中使用较多的设计模型之一。状态机可实现程序流程图中的判断。

状态机是由 while 循环、条件结构和移位寄存器组成的。其中 while 循环的功能是让程序连续运行，条件结构的功能是采用分支中的代码来描述状态机的各种状态，以及下一状态的选择，移位寄存器的作用是将上一状态做出的选择传递到下一次循环的条件结构分支。另外，通常采用枚举型数据来定义状态。

状态机模式（见图 3-21）程序的执行顺序是：初始化、程序 1、程序 2 和结束。如果是需要先执行程序 2 再执行程序 1，在程序中只需要将初始化分支中的枚举变量改成程序 2，将程序 1 分支中的枚举变量改成结束，将程序 2 分支中的枚举变量改成程序 1，不用改变程序框架，如图 3-22 修改的状态机模式所示。

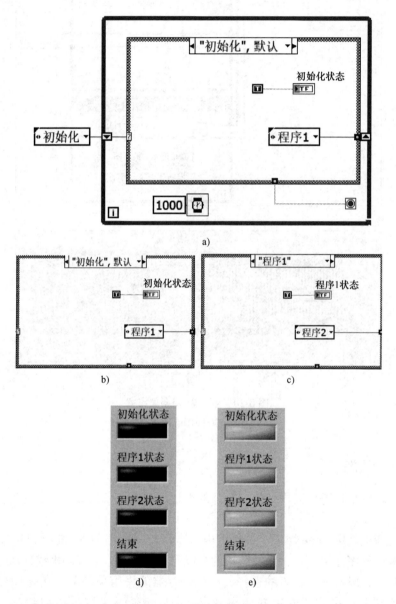

a)

b)　　　　　　　　　　c)

d)　　　　　　　　e)

图 3-21　状态机模式

a）程序框图　b）程序 1 分支　c）程序 2 分支

d）前面板程序未运行状态　e）前面板程序运行结束状态

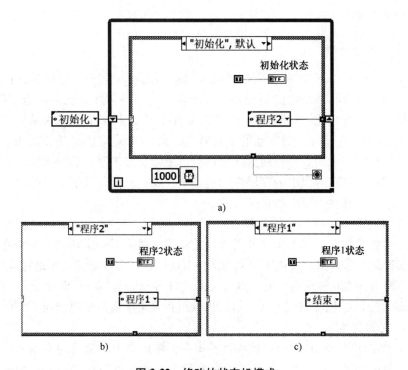

a)

b)　　　　　　　　　　c)

图 3-22　修改的状态机模式

a）程序框图　b）程序 2 分支　c）结束分支

3.5 | 数据采集与存储

3.5.1 DAQ 助手

DAQ 助手能帮助开发者快捷地编写一个数据采集程序，是 LabVIEW 中以对话框形式展现的向导[60]。在函数选板中，选择 "测量 I/O" → "DAQmx-数据采集" → "DAQ 助手"，双击 DAQ 助手，即可进入配置界面。首先选择采集信号类型，有电压、温度、电流、频率等，选定后下一步选择物理通道，根据不同采集设备各有不同，支持添加多个通道，选定后进入采样参数配置界面。采样模式、采样率，信号输入范围等均可在此设置，也有触发、高级定时等功能设置，设置完成单击确定即完成助手配置。

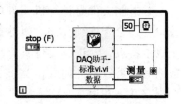

图 3-23 所示为 DAQ 助手程序框图，连续采样模式将 VI 置于 while 循环中，并将采样结果在测量波形图表中显示，按下停止按钮

图 3-23　DAQ 助手程序框图

即可停止采样。

3.5.2 文件存储

文件存储是 LabVIEW 在测控领域应用最多的功能之一，存储数据的目的是用于研究对象状态变化的历史趋势，分析其在一些特殊情况下的数据特征。与其他文本语言相比，LabVIEW 支持的文件类型更多且操作更为灵活。正是因为 LabVIEW 在文件存储方面的上述特点，科研人员及开发者必须深刻挖掘各种文件存储的不同点，进而选择项目所适用的文件类型。总的来说，大多数数据类型在文件及内存中的存储方式是基本一致的，通过理解文件的存储机制可熟练掌握数据在内存中的存储方式。

数据以字节为基本单位存储在内存中，采用二进制编码来记录信息。对于一个完整的数据采集系统，开发者需要将采集数据以一定格式进行保存。令人欣喜地是，LabVIEW 提供了强大的文件 I/O 函数，可以非常方便地完成创建、打开、写入、读取、移动、更改以及关闭文件等操作。LabVIEW 最常读写的文件类型有文本文件、二进制文件、TDMS 文件以及电子表格，现分别予以介绍。

1. 文本文件

文本文件以 ASCII 编码格式将字符串存储在内存中，常见的文本文件类型有 txt、Word、Excel 文件。第三方程序在读取文本文件时也用 ASCII 编码格式显示文件所包含的字符。值得注意的是，除了可显示字母、数字以及各种符号之外，还包括不可显示的字符。例如 VI 文件用记事本打开所出现的乱码其实是因为本身包含了许多不可显示字符，需要用特定的第三方程序打开。

文本文件的通用性和普适性较强，但相较于其他类型的文件，它对内存资源的消耗比较大，读写速度也相对较慢，且不可以随意写入或读取数据。基于上述特点，在将数据保存为文本文件时，需要先将数据转换为字符串才能进行存储。接下来通过一个简单的实例介绍文本文件的读写。

首先创建一个进行"文本文件测试"的空白 abc.txt 文档，通过读取该文件路径写入文本数据为"文本文件第一行，文本文件第二行"，写入成功后读取该 txt 文件的内容并显示在前面板上，可以发现前面板 VI 成功显示该内容，如图 3-24 文本文件程序示例所示。

2. 二进制文件

二进制文件是计算机文件中最常见的文件，它最大的优点是占用内存资源较少，适合于连续存储大量数据，可以将它的存储机制理解为内存的映射。基于以上特点，二进制文件具有较快的读写速度和较高的安全性。二进制文件的数据写入可以是任何数据类型，但是在读取时其格式必须与写入时完全一致，否则它并不知道如何"翻译"该文件内容。二进制文件支持一次性读写和磁盘流读写两种方式，并且可以实现随机读写，在此不再赘述。

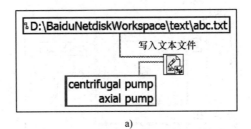

a)

b)

图 3-24　文本文件程序示例

a) 示例程序框图　b) 示例文件

3. TDMS 文件

　　早期版本的 LabVIEW 虽然支持多种类型的文件存储，但并没有一个真正完善的数据库管理系统，在 LabVIEW 8.X 后引入了 TDM（Technical Data Management）数据管理技术，其采用文件、通道组和通道三层结构来描述和记录数据，因此可以通过快速定位数据从而提高读写速度。TDMS 是 NI 公司新推出的数据库流式技术，它以二进制方式存储数据，所以文件占用内存资源更小且速度更快，其最大的优势在于兼具二进制文件特点的同时又具备关系型数据库的许多优点，存取速度可以达到 600MB/s 左右。

　　LabVIEW 专门提供了 TDMS 文件函数选板，其读写逻辑与一般格式的文件基本相同，主要包括打开、读写、关闭三个步骤，在此不再赘述。

4. 电子表格

　　上述提到，在使用 LabVIEW 开发测控项目时，文件存储的格式可以选择直观的文本文件、占用资源少的二进制文件以及高速读写的 TDMS 文件。此外，LabVIEW 还提供了一种更为简洁方便的文件格式，即对电子表格文件的支持。电子表格文件是最基本的格式化的文本文件，该文件一般用制表符隔开各列，用行结束符隔开各行。此文件类型可以使用 Excel 或者文本编辑器等软件打开。下面通过一个示例演示如何在 LabVIEW 中读写电子表格。

　　如图 3-25 所示为电子表格示例程序，主要通过 for 循环产生 4 行 3 列的随机数组，通过调用写入电子表格函数写入本地磁盘。

3.5.3　报表生成

　　在实际的工程项目中，科研人员或管理人员在对现场数据进行文件存储后

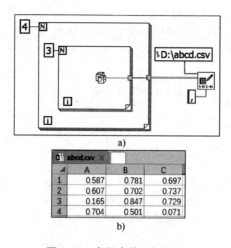

图 3-25　电子表格示例程序

a）示例程序框图　b）示例文件

通常还需要打印报表，因此报表生成功能在一个完整的数据采集系统中是必不可少的。LabVIEW 自身提供了报表生成函数，现对其常用的 VI 分别予以介绍。

1. 创建简易文本报表 VI

创建简易文本报表 VI 通过使用文本块和格式化信息作为输入，可将报表发布至指定路径或输出至指定的打印机进行打印。该 VI 可创建 HTML、Word、Excel 三种类型的报表，并可设置打印或保存。除此之外还可对报表的字体、页边距、显示方向以及页眉页脚等进行相应设置。

2. 创建报表

创建报表 VI 与创建简易文本报表 VI 所支持的创建报表类型一致，不同之处在于可指定作为报表模板的 Word 文档和 Excel 工作报表的路径，也可对 Word 及 Excel 两种类型的报表设置窗口正常显示、最小化或最大化。

3. 打印报表 VI

打印报表 VI 提供在指定的打印机上打印报表的功能，该 VI 的报表输入方便用户对报表的外观、数据以及打印进行控制，而打印机名是用于打印报表的打印机的名称，副本数指定要打印的报表份数，默认打印一份。

4. 保存报表至文件 VI

保存报表至文件 VI 的主要功能是通过该报表文件路径指定的文件保存 HTML 报表，也可以保存 Microsoft Word 和 Excel 报表。其报表输入为通过创建简易文本报表 VI 或创建报表 VI 生成的 LabVIEW 类对象。值得注意的是，该 VI 提供密码保护，即可创建有密码保护的只读报表（HTML 报表除外），管理人员必须输入密码才能修改报表。

为了方便科研人员更为简便地生成所需报表，LabVIEW 将报表的一些设置特性单独封装为工具箱，如 HTML 报表工具箱提供添加水平线至报表、添加超文本链接至报表、添加用户自定义 HTML 至报表以及在浏览器中打开 HTML 报表等功能函数；报表布局工具箱提供设置报表页边距、设置报表打印方向、报表换页、报表换行、设置报表页眉文本以及设置报表页脚文本等功能函数；高级报表生成工具箱提供报表类型、获取报表设置、添加文件至报表、清除报表、清除报表文本以及查询可用打印机等功能函数。上述工具箱可帮助开发人员快速选定报表功能，进而生成项目报表，在此不多赘述。本节通过常用函数介绍如何通过 LabVIEW 生成数据到 Word 或 Excel 模板。该测试 VI 以生成 Excel 报表为例，Word 生成报表方法同理。

图 3-26 所示为报表生成程序示例，首先通过创建报表函数指定创建 Excel 类型报表，在 Excel 表格第 2 行 3 列和第 3 行 2 列分别输入 pump 和 book，需要注意的是 0 表示的是 Excel 中的第 1 行或列。通过保存报表至文件 VI 指定保存路径，写入完毕后调用处置报表 VI 关闭报表并释放内存。

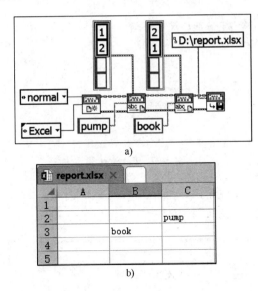

图 3-26 报表生成程序示例

a）示例程序框图 b）示例文件

3.5.4 数据库连接

通常采用 Excel、Word、二进制等不同格式的测试报表对试验数据进行处理，虽然能够实时记录系统的运行状态参数，但不能有效地管理长期试验数据参数，继而造成数据混杂、查询困难、安全不能得到保障，无法实现与其他监测平台的数据实时共享。良好的试验数据管理是水泵生产厂家设计良好的泵站运行监测系统的基本保障。

数据库作为大数据时代的新生产物，可以结构化存储和保存大量的数据信息，方便用户进行有效的检索和访问，并且能够提供快速的查询；可以有效地保持数据信息的一致性、完整性，降低数据冗余。更为重要的是，数据库能够通过数据挖掘智能化地分析历史数据，为用户提供重要的数据信息。

通过 LabVIEW 连接数据库需要安装软件及工具包，其所需软件为 LabVIEW、MySQL、MySQL ODBC 驱动、Navicat for MySQL。

需要注意的是，安装 LabVIEW、MySQL、MySQL ODBC 驱动以及 Navicat for MySQL，LabVIEW 的安装位数和 MySQL ODBC 驱动的安装位数需相同，MySQL 和 Navicat for MySQL 的安装位数需与电脑的操作系统位数相同。将 LabSQL 开源工具包解压到 LabVIEW 安装目录下的 user. lib 文件夹。

单击 test 数据库，右键单击表，选择新建表，新建表名为 datatest（见图 3-27），然后对表头进行设计，主要是插入表头字段名，选择类型。

名	类型	长度	小数点	不是 null	虚拟
I 时间	varchar	255		☐	☐
测试人员	varchar	255		☐	☐
测试数据	varchar	255		☐	☐

图 3-27　datatest 表

利用 LabVIEW 后面板的 LabSQL 库写入 SQL 语句，即对 datatest 表的表头写入测试数据，如图 3-28 写入测试程序框图所示。

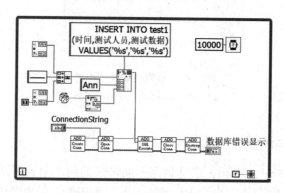

图 3-28　写入测试程序框图

　　打开 Navicat for MySQL 中的 datatest 表，可以看到该表定时写入的数据，即如图 3-29 写入测试结果所示。

时间	测试人员	测试数据
2022/11/3——16:47:18	Ann	0.165108
2022/11/3——16:47:28	Ann	0.697978
2022/11/3——16:47:38	Ann	0.612852
2022/11/3——16:47:48	Ann	0.981116
2022/11/3——16:47:58	Ann	0.861645
2022/11/3——16:48:08	Ann	0.576690
2022/11/3——16:48:18	Ann	0.144917
2022/11/3——16:48:28	Ann	0.220824
2022/11/3——16:48:38	Ann	0.929673
2022/11/3——16:48:48	Ann	0.201358

图 3-29　写入测试结果

3.6　互动接口

3.6.1　应用程序接口

　　在函数选板中，选择"互连接口""库与可执行程序""执行系统命令"函数。"执行系统命令"VI 可从 VI 内部执行或启动其他基于 Windows 的应用程序、命令行应用程序、（Windows）批处理文件或（macOS 和 Linux）脚本文件。使用"执行系统命令"VI 可在命令字符串中包含执行命令支持的任何参数。如可执行文件不在路径环境变量列出的目录中，命令行必须包含可执行文件的完整路径。常用的部分 windows 批处理文件命令罗列如下：打开文件夹的 bat 命令为 start""""C：\Users\wangwenjie\Desktop" 或 start explorer"C：\Users\wangwenjie\Desktop"。调用 Word 打开 .docx 文件的 bat 命令为 start""""C：\Users\wangwenjie\Desktop\test.docx" 或 start winword"C：\Users\wangwenjie\Desktop\test.docx"。调用 Excel 打开 .xlsx 文件的 bat 命令为 start""""C：\Users\wangwenjie\Desktop\test.xlsx" 或 start excel"C：\Users\wangwenjie\Desktop\test.xlsx"。调用记事本打开 .txt 文件的 bat 命令为 start""""C：\Users\wangwenjie\Desktop\test.txt" 或 start notepad "C：\Users\wangwenjie\Desktop\test.txt"。调用 PDF 阅读器打开 .pdf 文件的 bat 命令为 start C：\Users\wangwenjie\Desktop\test.pdf 或 start "C：\Program Files\Xpdf\PDFXEdit.exe" C：\Users\wangwenjie\Desktop\test.pdf。调用计算器的 bat 命令为 calc.exe。调用记事本的 bat 命令为 notepad。

如图 3-30 所示为两种执行系统命令程序，上面一种方法是输入 bat 文件的路径，执行 bat 文件命令，bat 文件的内容为：start" C：\Program Files\Xpdf\PDFXEdit. exe" D：\20200551. pdf；下面一种方法是直接调用 Windows 系统内置程序计算器，执行程序后，会弹出计算器窗口。

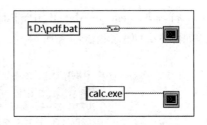

图 3-30　两种执行系统命令程序

3.6.2　Python 程序接口

LabVIEW 2018 及以上版本集成了调用 Python 程序功能，必须安装 Python 才能使用 LabVIEW Python 函数，确保 Python 的位数与电脑上安装的 LabVIEW 的位数相对应。在信号处理、优化算法、深度学习等方面，Python 程序比 Lab-VIEW 在编写、执行代码方面更具优势，而 LabVIEW 程序在界面开发、应用程序开发、数据采集方面更有优势。LabVIEW 和 Python 混合编程对自动化测试脚本程序编写具有很好的实用价值。

LabVIEW2018 及以上版本中提供的调用 Python 的相关函数有三个，分别是：打开 Python 会话函数用于打开 Python 引用，为后续的操作程序创建 Python 会话；Python 节点函数为可扩展函数，可显示已连线的输入端和输出端的数据类型，用于调用 Python 脚本模块，并指定所调用的 Python 模块的函数；关闭 Python 会话函数用于关闭 Python 会话，以免内存泄漏。

NI 帮助文档中提示 LabVIEW 支持调用 Python 2.7 和 3.6 版本，但笔者经过测试发现 LabVIEW 也支持 Python3.6 以上的版本。NI 帮助文档建议仅使用受支持的 Python 版本。

打开 Python 会话函数中需指定 Python 安装版本，输入变量为字符串，可以设为 2.7 或 3.6。目前 Python 版本是建议使用 Python3。

Python 节点函数中模块路径需指定 Python 模块的路径。该模块包含要调用的 Python 子函数。函数名称指定要调用的 Python 子函数名称。返回类型是指返回值的数据类型。必须将返回数据类型连接到返回类型，以指示返回值的预期数据类型。如果 Python 函数没有返回任何值，则无须连线返回类型。输入参数是指 Python 函数的输入参数，可调整 Python 节点以增加更多不同类型接线端。

在数据类型方面，Python 节点支持数值、数组（包括多维数组）、字符串、簇和布尔数据类型。LabVIEW 和 Python 中数据类型对应如表 3-2 所示。默认情况下，Python 节点将数组转换为列表。要将连接到输入参数的数组转换为 NumPy 数组，可右键单击输入参数并从快捷菜单中选择转换至 NumPy 数组。需要注意的是，只能将数值数组转换为 NumPy 数组。

表 3-2　数据类型对应

Python 数据类型	LabVIEW 数据类型
数值	数值
列表或数组	数组
字符串	字符串
元组	簇
布尔	布尔

基于 Python3.7 版本编写两个数字求和的函数，保存为 ExamplePythonModule.py，源代码如图 3-31 所示。

```
import math

def Add(a, b):
        return a+b;
```

图 3-31　加法的 Python 源代码

以 LabVIEW2019 内置的 Python 节点调用 ExamplePythonModule.py 内的 Add 子函数为例，先使用打开 Python 会话，配置脚本解析环境为 Python3.7 版本，确保输入的 Python 版本号数据类型为字符串；采用 Python 节点函数调用 Python 程序路径下的 Python 文件，并输入函数名 Add 和参数值 a、b，类型为浮点数，同时输出函数返回值；最后用关闭 Python 会话关闭程序。LabVIEW 调用 Python 程序如图 3-32 所示，a 和 b 分别取为 50 和 100，返回值为 150。

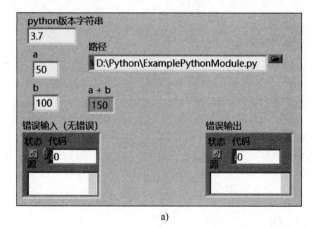

a)

图 3-32　LabVIEW 调用 Python 程序

a）前面板

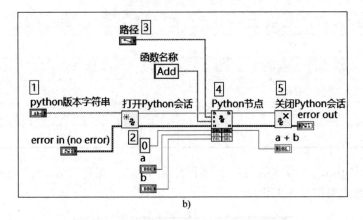

图 3-32   LabVIEW 调用 Python 程序（续）

b）后面板程序框图

第 4 章　水泵参数化建模及程序控制

4.1　三维造型软件参数化建模

4.1.1　参数化文本输出及 Batch 文件

1. CREO 软件

CREO 在启动过程中于工作目录生成一个记录 trail 文件，用于记录用户每步操作（生成实体、旋转视角等），以增加软件可靠性[61-63]。该文件的默认储存位置为%homepath%/Documents/trail.txt，若用户默认 Documents 位置有过更改，则默认储存位置更改为% systemdrive%/Users/Public/Documents/trail.txt，其基本结构如图 4-1 所示，其中：

```
!trail file version No. 1861
!Creo TM 4.0 (c) 2022 by PTC Inc. All Rights Reserved.
!Exit Logger data:
!        Process ID: 15144
!        Application: Creo_Parametric
!        Start date&time: 2022/07/05  01:23:21
< 0 1.647407 2411 0 0 1390 2560 0 0 1440 13
!mem_use INCREASE Blocks 778121, AppSize 73095468, SysSize 86362808
< 0 1.398519 2262 0 0 1180 2560 0 0 1440 13
!%CI欢迎使用 Creo Parametric 4.0。
!AFX datecode: 4.0 M030 2017.07.06.11
!AFX exec path: E:\Program Files\PTC\Creo 4.0\M030\Common Files\afx\
x86e_win64\afx40.dll
!AFX text path: E:\Program Files\PTC\Creo 4.0\M030\Common Files\afx\

~ Timer `UI Desktop` `UI Desktop` `EmbedBrowserTimer`
~ Minimize `main_dlg_cur` `main_dlg_cur`
```

图 4-1　CREO trail 文件基本结构

- 以"！"开头的代码为记录代码或提示信息（可忽略）；

- 以"<"开头的代码为窗口或视角调整信息（Batch 模式下无效）；
- 以"~"开头的为可执行代码。

基于 CREO 的参数化造型过程是使用 trail 文件模拟实际造型的过程，通过对 trail 文件的编辑（或编写）导入模型设计数据。

使用 cmd.exe 以 batch 模式打开 CREO 运行 trail 的代码如图 4-2 Creo 的 batch 命令所示。

```
"%programfiles%\PTC\Creo 4.0\M030\Parametric\bin\parametric.bat"
-g:no_graphics %trail_path%
```

图 4-2 Creo 的 batch 命令

2. UG NX 软件

与 CREO 不同，UG NX[64] 在运行过程中并不会自动记录用户操作，但 UG NX 提供了两种不同的自动化建模方法：NX GRIP 与 NX Open。其中，NX Open 是与 CREO 的自动化建模过程类似的一种方法，支持记录用户操作自动生成代码，并提供了包括 Python、C#、C++、Java 等多种语言支持；而 NX GRIP 是一种完全自编码系统，即类似"自己造车轮"的过程，对于造型者的要求较高。另外，由于 NX Open 可录制用户操作的特性，用户较多，可查阅的资料很多；而 NX GRIP 的用户偏少，可查阅的资料也较少。

具体来说，打开录制功能的方法为：按 Ctrl+2 打开用户界面窗口，如图 4-3 选择 NX Open 记录语言所示，选择熟悉的编程语言，单击确定保存；随后单击录制操作记录（可通过命令搜索找到），开始录制操作。基于 Python 语言的 NX Open 录制脚本代码如图 4-4 NX Open<Python>代码示例所示。

图 4-3 选择 NX Open 记录语言

```
# NX 12.0.0.27
#
import math
import NXOpen
import NXOpen.Annotations
import NXOpen.Features
import NXOpen.GeometricUtilities
import NXOpen.Preferences
def main() :

  theSession  = NXOpen.Session.GetSession()
  workPart = theSession.Parts.Work # _model1
  displayPart = theSession.Parts.Display # _model1
  # -----------------------------------------
  #  菜单: 插入(S)->草图(H)...
  # -----------------------------------------
  markId1 =
theSession.SetUndoMark(NXOpen.Session.MarkVisibility.Visible, "开始")

  sketchInPlaceBuilder1 =
workPart.Sketches.CreateSketchInPlaceBuilder2(NXOpen.Sketch.Null)
```

图 4-4　NX Open<Python>代码示例

NX GRIP 与 NX Open 的批处理调用方法不同。NX GRIP 首先需要对 .grs 文件（即代码文件）进行编译链接，所用代码如图 4-5 NX GRIP 参数化文本编译所示。

```
"%programfiles%\Siemens\NX 12.0\UGII\gripbatch.bat" -c %.grs%    #生成.gri链接文件
"%programfiles%\Siemens\NX 12.0\UGII\gripbatch.bat" -l %.grs%    #生成.grx可执行程序
```

图 4-5　NX GRIP 参数化文本编译

采用代码调用 NX 进行参数化建模，如图 4-6 NX GRIP 的 Batch 命令所示。

```
"%programfiles%\Siemens\NX 12.0\UGII\gripbatch.bat" -r %.grx%
```

图 4-6　NX GRIP 的 Batch 命令

NX Open 记录文件的执行方式只需一行，批处理代码（以 Python 代码为例）如图 4-7 NX Open 的 Batch 命令所示。

```
"%programfiles%\Siemens\NX 12.0\NXBIN\run_journal.exe" %journal.py%
```

图 4-7　NX Open 的 Batch 命令

4.1.2　基于 CREO 肘形流道参数化设计案例

使用三维建模软件 CREO 对肘形流道进行参数化自动建模，可以用少量数据或方程拟合目标外形。以工业管道泵的进口弯管参数化自动建模过程为例，介绍 CREO 的自动建模过程，步骤如下文所述。

第一步，完成进口弯管参数化设计，选取 Bezier 曲线拟合进口弯管型线，如图 4-8 所示。

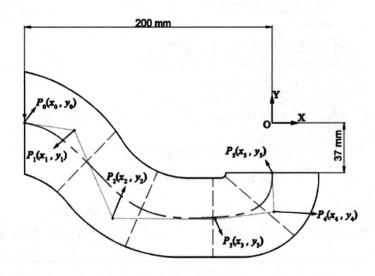

图 4-8   进口弯管参数化设计

第二步，使用 CREO 完成初始模型的参数建模。

第三步，新建 CREO 进程记录修改过程，调整工作目录并打开第二步创建的初始模型，对应的 trail 代码如图 4-9 所示。

```
~ Trail `UI Desktop` `UI Desktop` `DLG_PREVIEW_POST` \
`file_open`
~ Trail `UI Desktop` `UI Desktop` `PREVIEW_POPUP_TIMER` \
`file_open:Ph_list.Filelist:<NULL>`
~ LButtonArm `file_open` `tb_EMBED_BROWSER_TB_SAB_LAYOUT` 3 458 16 0
~ LButtonDisarm `file_open` `tb_EMBED_BROWSER_TB_SAB_LAYOUT` 3 458 16 0
~ LButtonActivate `file_open` `tb_EMBED_BROWSER_TB_SAB_LAYOUT` 3 458 16 0
~ Input `file_open` `opt_EMBED_BROWSER_TB_SAB_LAYOUT` `%PROJECT_PATH%`
~ Update `file_open` `opt_EMBED_BROWSER_TB_SAB_LAYOUT` `%PROJECT_PATH%`
~ Activate `file_open` `rb_EMBED_BROWSER_TB_SAB_LAYOUT`
~ FocusOut `file_open` `opt_EMBED_BROWSER_TB_SAB_LAYOUT`
~ Select `file_open` `Ph_list.Filelist` 1 `%PROJECT_NAME%`
~ Activate `file_open` `Ph_list.Filelist` 1 `%PROJECT_NAME%`
```

图 4-9   打开初始模型文件 trail 代码

第四步，生成新的设计数据，并通过导入关系文件更新进口弯管中心线方程（见图 4-10），使用 CREO 进行参数化建模的本质是对原始模型的编辑，对应的导入关系 trail 代码如图 4-11 所示。

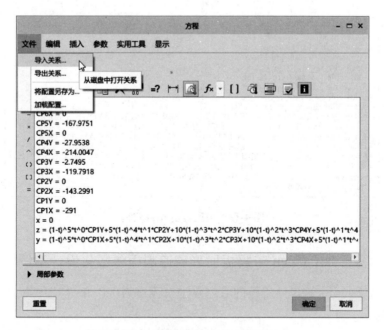

图 4-10 更新进口弯管中心线方程

```
~ Activate `main_dlg_cur` `maindashInst0.EquationPB`
!mem_use INCREASE Blocks 895350, AppSize 121130114, SysSize 142034736
~ Select `relation_dlg` `MenuBar1` 1 `File`
~ Select `relation_dlg` `MenuBar1` 1 `Edit`
~ Select `relation_dlg` `MenuBar1` 1 `File`
~ Close `relation_dlg` `MenuBar1`
~ Activate `relation_dlg` `PBRead`
< 2 0.118519 178 0 0 100 3440 0 0 1440 13
~ Trail `UI Desktop` `UI Desktop` `DLG_PREVIEW_POST` \
`file_open`
~ LButtonArm `file_open` `tb_EMBED_BROWSER_TB_SAB_LAYOUT` 3 439 9 0
~ LButtonDisarm `file_open` `tb_EMBED_BROWSER_TB_SAB_LAYOUT` 3 439 9 0
~ LButtonActivate `file_open` `tb_EMBED_BROWSER_TB_SAB_LAYOUT` 3 439 9 0
~ Input `file_open` `opt_EMBED_BROWSER_TB_SAB_LAYOUT`
`%DESIGN_FILE_PATH%`
~ Update `file_open` `opt_EMBED_BROWSER_TB_SAB_LAYOUT`
`%DESIGN_FILE_PATH%`
~ Activate `file_open` `rb_EMBED_BROWSER_TB_SAB_LAYOUT`
~ FocusOut `file_open` `opt_EMBED_BROWSER_TB_SAB_LAYOUT`
~ Select `file_open` `Ph_list.Filelist` 1 `%DESIGN_FILE_NAME%`
~ Trail `UI Desktop` `UI Desktop` `PREVIEW_POPUP_TIMER` \
`file_open:Ph_list.Filelist:<NULL>`
~ Command `ProFileSelPushOpen@context_dlg_open_cmd`
~ Activate `relation_dlg` `PB_OK`
~ Enter `main_dlg_cur` `dashInst0.Quit`
~ Exit `main_dlg_cur` `dashInst0.Quit`
~ Activate `main_dlg_cur` `dashInst0.Done`
```

图 4-11 导入关系 trail 代码

　　第五步，重新生成模型，并另存为标准格式（Parasolid、STEP 等），模型导出 trail 代码如图 4-12 所示。

```
~ Command `ProCmdRegenPart`
~ Select `main_dlg_cur` `appl_casc`
~ Close `main_dlg_cur` `appl_casc`
~ Command `ProCmdModelSaveAs`
~ Open `file_saveas` `type_option`
~ Close `file_saveas` `type_option`
~ Select `file_saveas` `type_option` 1 `db_539`
~ Update `file_saveas` `Inputname` `%CASE_NAME%`
~ Select `file_saveas` `ph_list.Filelist` 0
~ LButtonArm `file_saveas` `tb_EMBED_BROWSER_TB_SAB_LAYOUT` 3 441 13 0
~ LButtonDisarm `file_saveas` `tb_EMBED_BROWSER_TB_SAB_LAYOUT` 3 441 13 0
~ LButtonActivate `file_saveas` `tb_EMBED_BROWSER_TB_SAB_LAYOUT` 3 441 13 0
~ Input `file_saveas` `opt_EMBED_BROWSER_TB_SAB_LAYOUT` `%CASE_PATH%`
~ Update `file_saveas` `opt_EMBED_BROWSER_TB_SAB_LAYOUT` `%CASE_PATH%`
~ Activate `file_saveas` `rb_EMBED_BROWSER_TB_SAB_LAYOUT`
~ FocusOut `file_saveas` `opt_EMBED_BROWSER_TB_SAB_LAYOUT`
~ Activate `file_saveas` `OK`
```

图 4-12　模型导出 trail 代码

4.1.3　基于 NX Open 带隔板肘形流道隔板参数化设计案例

下面以一个带进口导流板的管道泵进口流道为例，介绍 UG NX 的参数化设计过程。

第一步，与使用 CREO 类似，首先需要完成对弯管各关键特征的参数化设计。选取非均匀 B 样条（NURBS）拟合进口弯管上下两条特征型线与导流板的形状，如图 4-13 带进口导流叶片的进口弯管参数化设计所示。

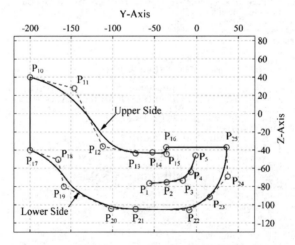

图 4-13　带进口导流叶片的进口弯管参数化设计

第二步，使用 UG NX 完成初始建模，并记录操作过程，生成记录文件。

第三步，通过程序修改原始记录文件，将新生成的关系数据导入新的记录文件中。

第四步，使用 Command 执行修改后的 NX Open 代码，生成新的肘形流道，其中创建弯管截面、导入引导线控制点及扫掠形成实体的部分代码如图 4-14~图 4-16 所示。

```
center1 = NXOpen.Point3d(0.0, 0.0, 0.0)
arc1 = workPart.Curves.CreateArc(center1, nXMatrix1, 50.0, 0.0, ( 360.0 * math.pi/180.0 ))
theSession.ActiveSketch.AddGeometry(arc1, NXOpen.Sketch.InferConstraintsOption.InferNoConstraints)
```

图 4-14　创建弯管截面

```
markId1 = theSession.SetUndoMark(NXOpen.Session.MarkVisibility.Visible, "Import Points from File")
pointsFromFileBuilder1 = workPart.CreatePointsFromFileBuilder()
pointsFromFileBuilder1.FileName = "%POINT_INFO_PATH%"
pointsFromFileBuilder1.CoordinateOption = NXOpen.GeometricUtilities.PointsFromFileBuilder.Options.Absolute
nXObject1 = pointsFromFileBuilder1.Commit()
pointsFromFileBuilder1.Destroy()
nErrs1 = theSession.UpdateManager.DoUpdate(markId1)
```

图 4-15　导入引导线控制点

```
rules3 = [None] * 1
rules3[0] = curveFeatureRule3
helpPoint6 = NXOpen.Point3d(13.051632914037851, -200.0, 37.795544273975935)
section11.AddToSection(rules3, arc149, NXOpen.NXObject.Null, NXOpen.NXObject.Null, helpPoint6,
NXOpen.Section.Mode.Create, False)
rules4 = [None] * 1
rules4[0] = curveFeatureRule4
helpPoint7 = NXOpen.Point3d(19.665909471416985, -30.144630476510613, -37.0)
section12.AddToSection(rules4, arc150, NXOpen.NXObject.Null, NXOpen.NXObject.Null, helpPoint7,
NXOpen.Section.Mode.Create, False)
rules5 = [None] * 1
rules5[0] = curveFeatureRule5
sketch162 = sketchFeature162.FindObject("SKETCH_002")
spline14 = sketch162.FindObject("Curve Spline1")
helpPoint8 = NXOpen.Point3d(0.0, -166.68964792232927, 5.7448066378568843)
section14.AddToSection(rules5, spline14, NXOpen.NXObject.Null, NXOpen.NXObject.Null, helpPoint8,
NXOpen.Section.Mode.Create, False)
section15 = workPart.Sections.CreateSection(0.00095, 0.001, 0.050000000000000003)
objects1 = [NXOpen.DisplayableObject.Null] * 1
swept1 = nXObject3
face1 = swept1.FindObject("FACE 2 {(-0.0058656106367,0,-37) SWEPT(7)}")
objects1[0] = face1
displayModification1.Apply(objects1)
```

图 4-16　扫掠形成实体

4.2　CFturbo 叶轮参数化建模

4.2.1　参数化文本输出及 Batch 文件

在 CFturbo 软件[65] 中导出参数化文本的方法为在菜单栏 Project 中选择 Batch mode/Optimization。图 4-17 所示为 batch 格式文本输出界面，设计人员可以选择需要优化的几何参数，并勾选。然后选择输出到第三方软件，例如 IGES 和 STEP 等通用三维文件、BladeGen 旋转机械设计软件、TurboGrid 网格划分软件、OpenFOAM 和 Simerics 等数值计算软件。单击 Save 后，则生成一个 cft-batch 格式的参数化文本。

CFturbo 软件 Batch 模式运行的代码如图 4-18 所示，需要指定 CFturbo 的安装路径，最后一个是指定 cft-batch 格式的 CFturbo 参数化文本。

PROJECT: cfturbo_17.5000_1				
Global setup				
1: [Stator_2]				
2: [Impeller_1]				
Main dimensions				
Version 1.				
Dimensions				
Hub diameter	Inner diameter at inlet side	dH	[mm]	50
Suction diameter	Outer diameter at inlet side	dS	[mm]	260
Outlet width	Distance between hub and shroud at outlet	b2	[mm]	68
Impeller diameter	Defined at midline position	d2	[mm]	392

图 4-17   batch 格式文本输出界面

"C:\Program Files\CFturbo 2020.1.0\CFturbo.exe" -batch impeller6-10.cft-batch

图 4-18   CFturbo 软件 batch 模式运行的代码

4.2.2   叶轮参数化设计案例

以单级单吸离心泵为例，设计流量为 $800m^3/h$，设计扬程为 80m，转速为 1480r/min。性能参数输入到 CFturbo 软件中，如图 4-19 泵性能参数输入界面所示，右侧可显示泵的形式，属于中比转数离心泵。泵的比转数为 26，需要注意的是这个比转数是基于欧盟标准计算得到的，国内比转数是欧盟计算值的 3.65 倍。

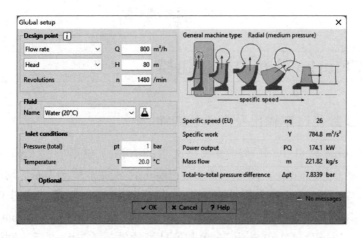

图 4-19   泵性能参数输入界面

基于 CFturbo 软件的离心泵叶轮设计步骤如下所述。

第一步，CFturbo 软件根据泵性能参数会自动推荐并计算出叶轮的叶轮外径、叶片出口宽度、轮毂直径等几何参数。

第二步，轴面投影图设计。叶轮轴面投影图的前后盖板和进口边均可采用贝塞尔曲线、直线加圆弧、直线和多线段进行设计，在调整过程中可以查看过流断面面积变化趋势，避免出现局部最大或最小值。如果采用 TurboGrid 划分叶轮结构网格，需取消叶片出口边与轴面投影图出口边重合的命令，即叶片出口边直径小于叶轮轴面投影图出口边直径。

第三步，叶片型线设计。设置叶片数和叶高数（轮毂 span = 0，前盖板 span = 1）。叶片分为自由三维曲面、自由二维曲面（圆柱形）、圆弧形、直出式几种。叶片进出口安放角的变化趋势可分为自定义、线性和恒定值三种。

第四步，叶片中线设计。可以通过调节 m-t 曲线调节叶片安放角变化趋势，横坐标 t 表示叶片弯过的包角，纵坐标 m 表示叶片径向坐标。另外一种方法是直接调节叶片安放角（Blade angle progreesion），控制叶型线的曲率。

第五步，叶片厚度设计。叶片进出口边叶片厚度变化规律分设计为等厚、中间厚两头薄和自定义厚度三种。可以通过控制点控制叶片厚度。

第六步，叶片进出口边形状计。叶片进出口边形状可以设计成截断、椭圆、Bezier 曲线以及线性四种，其中后三种进出口形状可通过参数和控制点调节。

第七步，叶轮计算域交接面延伸参数。对流体域进行数值模拟，设置转子与蜗壳之间交互面的位置，采用径向延伸方法，确定延长半径值。

第八步，生成三维叶轮。选择 solid trimming，获得三维叶轮计算域和叶片，如图 4-20 基于 CFturbo 叶轮设计流程的三维叶轮所示。

图 4-20　基于 CFturbo 叶轮设计流程的三维叶轮

4.2.3　叶轮参数化文本

如图 4-21a 所示为选择的叶轮叶片属性设计参数，包括叶片数和前后盖板叶片进出口安放角。如图 4-21b 所示为完成叶轮新方案设计后，叶轮输出的格式为 TurboGrid 和 Simerics 两种，并给定文件名称及存储路径。

```
<BladeProperties Type="Object">
    <nBl Type="Integer" Caption="Number of blades" Desc="Number of blades (incl. splitter)">7</nBl>
    <TReadWriteArray_TBladeProps Type="Object" Name="BladeValues">
        <TBladeProps Type="Object" Name="Main blade" Index="0">
            <Beta1 Count="5" Type="Array1" Caption="Blade angle leading edge" Desc="Blade angle at
leading edge" Unit="rad">
                <Value Type="Float" Index="0">0.406790377820404</Value>
                <Value Type="Float" Index="4">0.252978923491438</Value>
            </Beta1>
            <Beta2 Count="5" Type="Array1" Caption="Blade angle trailing edge" Desc="Blade angle at
trailing edge" Unit="rad">
                <Value Type="Float" Index="0">0.300401708662089</Value>
                <Value Type="Float" Index="4">0.300401708662089</Value>
            </Beta2>
        </TBladeProps>
    </TReadWriteArray_TBladeProps>
</BladeProperties>
```

a)

```
<BatchAction Type="Object" Name="Export">
        <WorkingDir>.\</WorkingDir>
        <BaseFileName>impeller6-10</BaseFileName>
        <ExportInterface Type="Enum">MeridianContour</ExportInterface>
    </BatchAction>
    <BatchAction Type="Object" Name="Export">
        <WorkingDir>.\</WorkingDir>
        <BaseFileName>impeller6-10-1</BaseFileName>
        <ExportInterface Type="Enum">Simerics</ExportInterface>
        <ExportComponents Count="1" Type="Array1" Desc="Components to be exported">
            <Value Type="Integer" Caption="[Impeller_1]" Index="0">1</Value>
        </ExportComponents>
    </BatchAction>
    <BatchAction Type="Object" Name="Export">
        <WorkingDir>.\</WorkingDir>
        <BaseFileName>impeller6-10-1</BaseFileName>
        <ExportInterface Type="Enum">TurboGrid</ExportInterface>
        <ExportComponents Count="1" Type="Array1" Desc="Components to be exported">
            <Value Type="Integer" Caption="[Impeller_1]" Index="0">1</Value>
        </ExportComponents>
    </BatchAction>
    <BatchAction Type="Object" Name="Save" Desc="CFT file name of modified project">
        <OutputFile>impeller6-10_modified.cft</OutputFile>
    </BatchAction>
```

b)

图 4-21　叶轮参数化文本

a）叶轮叶片属性　b）叶轮输出

4.2.4　蜗壳参数化设计案例

蜗壳的设计流程分为六个步骤。第一步，蜗壳可选择单蜗壳和双蜗壳两种设计，设定蜗壳的基圆直径和进口宽度，基圆直径与叶轮计算域延长直径一致。第二步，设定断面形状，形状可设计成矩形、圆形、梯形、贝塞尔曲线控制的形状等几种。第三步，基于速度系数法或者几何设计法对蜗壳螺旋段进行设计。第四步，设计蜗壳扩散段形状及出口边高度，扩散段可设计为切向、径向和样条曲线方向三种出流方向，出口可设计成圆形和矩形断面两种。第五步，设定隔舌安放角。第六步，生成三维蜗壳（见图 4-22）。

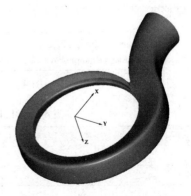

图 4-22　CFturbo 生成三维蜗壳

4.3　BladeGen 叶轮参数化建模

4.3.1　参数化文本输出及 Batch 文件

在 BladeGen 软件中导出参数化文本的方法为依次单击 "File>Export>Batch Input File" 命令，输入 bgi 格式文件名。如图 4-23 所示为 bgi 格式文本输出选项，即参数化文本中叶片安放角、厚度变化曲线图中流线长度的定义方式选取对话框。

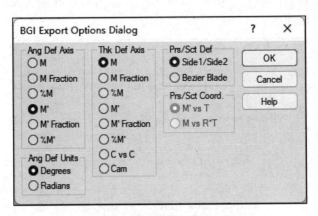

图 4-23　bgi 格式文本输出选项

BladeGen 软件 Batch 模式运行的代码如图 4-24 BladeGen 调用命令所示。第一行命令是指定 BladeGen 的安装路径。第二行命令是调用 BladeBatch 执行程序，输入文件是 BladeGen 的 bgi 格式的参数化文本，输出的是 bgd 格式文件，可直接导入 TurboGrid 划分结构网格。如表 4-1 所示为 BladeGen 输入输出文件格式。

```
set path=%path%;c:\Program Files\ANSYS Inc\v202\AISOL\BladeModeler\BladeGen
BladeBatch example.bgi example.bgd
```

图 4-24　BladeGen 调用命令

表 4-1　BladeGen 输入输出文件格式

文件扩展名	说明
. bgd	BladeGen 文件
. bgi	BladeGen 参数化文件
. rtf	BladeGen 报告
. ibl	Pro/ENGINEER 曲线文件
. dxf	三维矢量数据文件
. igs	通用三维文件
. tin	ICEM 网格划分文件
. curve	用于 TurboGrid

4.3.2　叶轮参数化设计案例

离心泵的流量为 280m³/h，扬程为 20m，转速为 1450r/min。采用 Workbench
软件中 Vista CPD 泵设计模型进行初始设计，输入泵性能参数，如图 4-25 叶轮
设计性能参数界面所示，单击"Calculate"，得到初始叶轮方案的几何参数、
速度和轴面投影图。

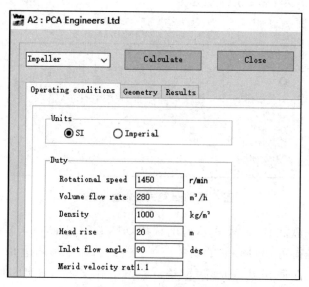

图 4-25　叶轮设计性能参数界面

右键单击 Blade Design，选择 Create New，再选择 BladeGen，可将设计的叶轮导入到 BladeGen 软件中，在 Workbench 平台上生成叶轮 BladeGen 模块（见图 4-26）。

双击 BladeGen，进入叶轮参数化设计界面（见图 4-27），共分为 4 个子界面，左上为叶轮轴面投影图，右上为叶轮三维图，左下为叶轮叶片安放角和包角分布图，右下为叶轮叶片厚度分布图。

在叶轮轴面投影图中，可以控制叶轮的进出口边位置和前后盖板流线。可采用 Spline 曲线和 Bezier 曲线控制线条，从后盖板到前盖板依次划分 5 个不同叶高层，定义 span 从 0 到 1。

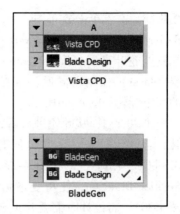

图 4-26 生成叶轮 BladeGen 模块

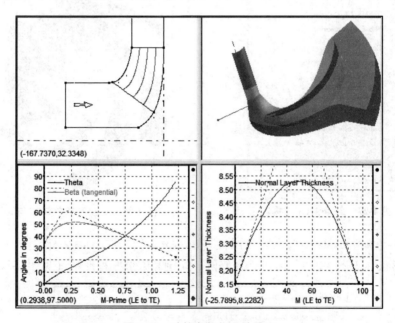

图 4-27 叶轮参数化设计界面

在叶片安放角分布图中，可以选择 Spline 曲线或 Bezier 曲线控制叶片安放角变化规律，右键单击分布图，可采用 Spline 曲线和 Bezier 曲线控制线条（convert points to），需选择控制叶轮叶高层（layer control），然后选取叶高层（layer）控制不同叶高层的叶片安放角。曲线起点为叶片进口安放角，终点为叶片出口安放角。

在叶片厚度分布图中，可以选择 Spline 曲线或 Bezier 曲线控制叶片厚度变

化规律，右键单击分布图，可采用 Spline 曲线和
Bezier 曲线控制线条（convert points to），需选择
控制叶轮叶高层（layer control），然后选取叶高
层（layer）控制不同叶高层的叶片厚度。生成
的三维叶轮如图 4-28 所示。

图 4-28   三维叶轮

可以看出，从叶轮进口看，叶轮是顺时针旋
转，若设计时需要让叶轮逆时针旋转，可以在
BladeGen 工具栏（见图 4-29）中选择 Reverse
Rotation Direction，便可更改叶轮旋转方向（见
图 4-30）。若设计时需要让叶轮进口从 z 的反方
向进入，则在工具栏中选择 Flip Z Dimension，沿 XY 平面对称叶轮。

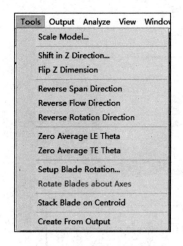

图 4-29   BladeGen 工具栏

图 4-30   更改叶轮旋转方向

在菜单栏 Blade 中选取叶片属性（Properties），在对话框中设计叶片进出
口边形状（见图 4-31），可以选择修圆、切割和方形三种形状（见图 4-32）。

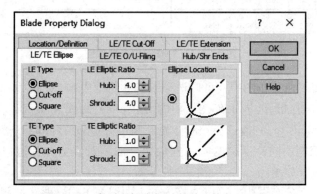

图 4-31   在对话框中设计叶片进出口边形状

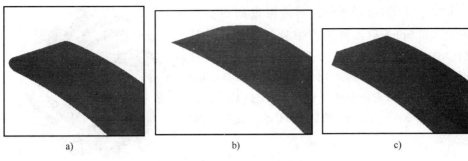

图 4-32　叶片出口边形状

a）修圆　b）切割　c）方形

　　分流叶片的设计主要应用于低比转数离心叶轮，能抑制流动分离，提高泵扬程和效率。本案例叶轮的比转数为 156，属于中高比转数范围，无须进行分流叶片设计，因此仅展示分流叶片设计流程。如图 4-33 分流叶片设计参数设

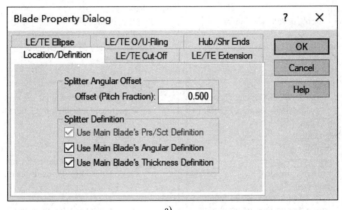

图 4-33　分流叶片设计参数设置

a）分流叶片周向位置参数　b）分流叶片进口直径参数

置所示，在菜单栏 Blade 中选择添加分流叶片（Add Splitter），可进行带分流叶片叶轮设计。选择 Splitter 1，单击 Properties，进行设计时可设置分流叶片的周向位置（Splitter Angular Offset）和进口直径参数（Leading Edge Cut-off）。最终生成带分流叶片的三维叶轮，如图 4-34 所示。

图 4-34　带分流叶片的三维叶轮

4.3.3　叶轮参数化文本

在叶轮参数化文本（见图 4-35）中，轴面投影图和叶片参数均是以 Begin 开始，以 End 结束，叶轮轴面投影图参数包括前后盖板、进口边和出口边几何参数。叶片参数包括不同叶高层叶片安放角和叶片厚度几何参数。如图 4-35a

```
Begin Meridional
    MeridionalControlCurveMode=Normal
    SpanByGeom
    Begin ShroudCurve
        New Segment
            CurveType=Linear
            Begin Data
                ( -93.16750000,85.27720000 )
                ( -82.98870000,85.27720000 )
            End Data
        End Segment
        New Segment
            CurveType=Bezier
            UpstreamControl=Free
            Begin Data
                ( -82.98870000,85.27720000 )
                ( -67.65870000,85.27720000 )
                ( -55.89770000,95.11010000 )
                ( -48.55010000,135.9280000 )
            End Data
            DownstreamControl=Free
        End Segment
        New Segment
            CurveType=Linear
            Begin Data
                ( -48.55010000,135.9280000 )
                ( -48.55010000,149.4310000 )
            End Data
        End Segment
    End ShroudCurve
End Meridional
```

a)

```
New Blade
    PitchFraction=0.000000000
    LeadingEdgeEndType=Square
    TrailingEdgeEndType=Square
    EllipseAtMean=T

    Begin AngleDefinition
        AngleLocation=MeanLine
        SpanwiseDistribution=General

        New AngleCurve
            Layer="Layer3"
            DefinitionType=BetaCurve
            HorizDim=PercentMeridionalPrime
            VertDim=Degree

            LE_Theta=0.000000000
            New Segment
                CurveType=Bezier
                UpstreamControl=Free
                Begin Data
                    ( 0.000000000,29.69151470 )
                    ( 25.48523532,42.70803985 )
                    ( 71.06292677,30.86712466 )
                    ( 99.99995059,22.44407977 )
                End Data
                DownstreamControl=Free
            End Segment
        End AngleCurve
    End AngleDefinition
End Blade
```

b)

图 4-35　叶轮参数化文本

a）轴面投影图前盖板线条参数定义　b）叶高 span=0.5 叶片安放角定义

所示为轴面投影图前盖板线条参数，可以看出前盖板由直线、Bezier 曲线和直线组成，并给出了 z、r 值。如图 4-35b 所示为叶轮叶高 span = 0.5 叶片安放角分布，采用三阶 Bezier 曲线控制安放角的变化。

4.4　叶轮逆向参数化建模

4.4.1　基于 UG 的逆向参数化建模

逆向建模是根据三维叶轮文件，获得叶轮参数化文本。逆向建模思路是利用 UG 截取叶轮叶片不同叶高处的外形曲线及叶轮前后盖板曲线，基于 BladeGen 软件的 Data Import Wizard 模块完成叶轮的逆向建模，生成 . bdg 文件。

基于 UG 的叶轮不同叶高型线提取步骤如下文所述。

第一步，生成不同叶高流线。导入轴面投影轮廓，封闭轴面投影轮廓（见图 4-36），分别在进、出口边绘制直线。

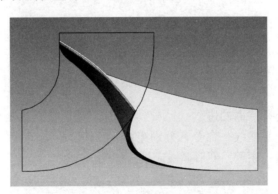

图 4-36　封闭轴面投影轮廓

第二步，生成平面。利用"填充曲面"命令，在封闭轮廓内生成平面。

第三步，创建"I 型"特征。利用"I 型"命令，等参数曲线数量为 5，设置的提取方法为适合边界，其余选项默认。

第四步，创建轴面流线。利用"等参数曲线"命令，等参数曲线数量为 5，其余选项默认，完成轴面流线创建（见图 4-37）。

第五步，生成不同叶高叶片交接线。利用"旋转"命令，将不同叶高流线旋转适当角度生成部分流面，与叶片完全相交。旋转曲面生成后利用"相交曲线"命令生成叶片与三流面的相交曲线，生成不同叶高处叶片外形截线（见图 4-38）。

第六步，生成前、后盖板与叶片交界面封闭曲线。利用"复合曲线"命

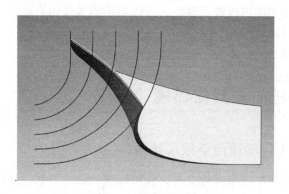

图 4-37   轴面流线创建

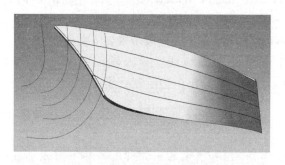

图 4-38   生成不同叶高处叶片外形截线

令，曲线规则选择"面的边"，分别选取叶片与前、后盖板交界面，生成外形
截线。利用"连结曲线"命令，分别连结所有外形截线（见图 4-39），使之成
为一条完整曲线。注意，外形截线应是封闭的。

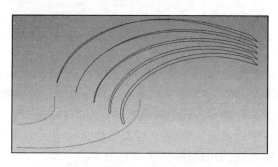

图 4-39   连结所有外形截线

第七步，导出 igs 文件。除各外形截线及前、后盖板曲线外，隐藏所有无
关特征。依次单击"文件→导出→IGES"，在"文件"选项卡中设置文件存储
位置，在"要导出的数据"选项卡下选择导出"选定的对象"并框选所有显

示曲线，点击"确定"，完成导出。

基于 BladeGen 软件的叶轮逆向建模步骤如下文所述。

第一步，打开 BladeGen 软件导入向导。依次单击"File → New → Data Import Wizard"，进入导入向导。

第二步，初始设置。单击"Next"，进入初始设置，再次单击"Next"，选择要导出的数据文件。共有三个选择，分别是 BladeGen 模型文件、BladeGen 轴面投影文件及 TurboGrid 模型文件，逆向建模选择第一个即可。单击"Next"，选择自动保存的文件名及位置，默认即可，继续单击"Next"。每一步完成后左侧相应位置会有绿色对号出现，若未出现则需要继续调整。

第三步，导入曲线文件并指定对应位置。单击"Next"，单击"Add File"导入第二步导出的 igs 曲线文件（见图 4-40）。在图形窗口，按住左键可旋转图形，按住右键可平移图形，滚动滚轮可放大或缩小图形。单击"Next"，指定后盖板曲线，曲线变为红色表示被选中。单击"Next"，指定前盖板曲线。单击"Next"，指定不同叶高处叶片外形截线，从后盖板到前盖板依次为"Layer 1"到"Layer 5"，每指定完一条截线在右下角的下拉菜单中切换截面。

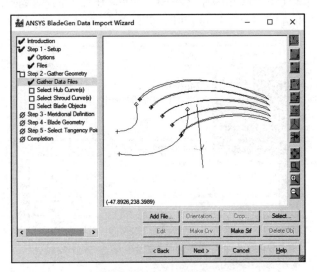

图 4-40　导入曲线文件

第四步，进行截面线封闭检查（见图 4-41）。确保不同叶高处叶片外形截线是封闭的，单击"Next"。

第五步，确定进出口边修圆。单击"Next"，设置叶片进出口边椭圆率，进口为 1.0，出口未修圆，为 0。单击"Next"，单击"Select End"，依次选择叶片进出口椭圆与叶片的切点，直至左侧所有均为绿色对号，确认最终轴面投影图。

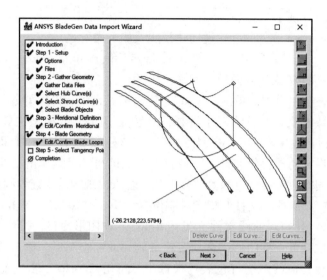

图 4-41　截面线封闭检查

第六步，设置叶片数并保存（见图 4-42）。在弹出的对话框中指定文件名及路径，在"Blade Count"栏设置叶片数，单击"OK"，完成逆向建模。

图 4-42　设置叶片数并保存

4.4.2　基于 BladeEditor 的逆向参数化建模

BladeEditor 模块是 DesignModeler 的附加模块，主要是用于叶轮机械的参数化设计。BladeEditor 可直接使用 DesignModeler 中的 BladeGen 创建的叶片几何，使用 DesignModeler 功能编辑几何细节。

启用 BladeEditor 功能需要在 Workbench 软件界面进行设置，具体的方法是：在 tools 工具栏中选择 License Preferences，在 Geometry 选项下调整 ANSYS BladeModeler 至 license 表单的第一位。

对叶轮或导叶进行逆向建模，获得参数化设计文件的思路和基于 UG 的逆向参数化建模一致，主要是获得不同叶高的叶片坐标文件。逆向建模的步骤如下文所述。

第一步，在 Geometry 模块中导入三维叶轮。右击 Geometry，选择 Import Geometry，单击 Browse，选取三维叶轮。选择 DesignModeler 打开几何。

第二步，创建叶轮轴面投影图。在 DesignModeler 界面，只能在 ZXPlane 创建叶轮轴面投影草图。旋转轴为 Z 轴。草图平面上 X 和 Y 轴分别对应于全局 Z 轴和 X 轴。局部 y 轴对应于叶轮径向坐标轴。需要在单独的草图中定义流道轴面，即定义前盖板、后盖板、进口和出口 4 个草绘平面。绘制的前盖板、后盖板、进口和出口的草图能形成闭合回路，即端点必须重合。为了方便绘制出轴面投影图，如图 4-43 所示，可先采用草绘功能中的 construction point 功能创建轴面投影图的点，再应用 Line 和 Spline 绘制轴面图。

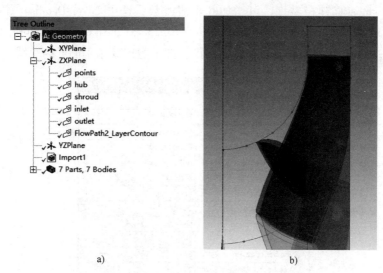

a) b)

图 4-43　叶轮轴面投影图草绘

a）轴面曲线不同平面设置　b）轴面投影图

第三步，选择 FlowPath 功能创建叶轮轴面流线。在如图 4-44 所示的 FlowPath 界面参数设置中，在 Hub Contour、ShroudContour、Inlet Contour 和 Outlet Contour 中分别选取第二步创建的 hub、shroud、inlet 和 outlet 草绘图，再单击生成按钮。

Details View	
Details of FlowPath2	
Flow Path	FlowPath2
Machine Type	Undefined
Theta Direction	Right Handed
Hub Contour	hub
Shroud Contour	shroud
Inlet Contour	inlet
Outlet Contour	outlet
Hub Cut?	No
Shroud Cut?	No
Number of Layers	0
Sketches for Defined Layer	0

图 4-44　FlowPath 界面参数设置

如图 4-45 和图 4-46 所示，FlowPath 设置界面更新后，出现 Layer Details：1 和 Layer Details：2，参数 Span Fraction 为 0 代表后盖板，1 代表前盖板；为了增加叶轮逆向建模精度，可增加叶轮流线数；选中 Layer Details：1 右键单击选择 Insert Layer Below，可创建 span 为 0.25、0.5 和 0.75 的不同叶高的叶轮流线；单击 generation，在叶轮轴面投影图上生成 5 条不同叶高流线。

Details View	
Details of FlowPath2	
Flow Path	FlowPath2
Machine Type	Undefined
Theta Direction	Right Handed
Hub Contour	hub
Shroud Contour	shroud
Inlet Contour	inlet
Outlet Contour	outlet
Hub Cut?	No
Shroud Cut?	No
Number of Layers	2
Sketches for Defined Layer	0
Layer Details	Generate (F5)
Layer Type	
Span Fraction	Insert Layer Below
Layer Details: 2	
Layer Type	Fixed Span
Span Fraction 2	1

图 4-45　FlowPath 界面增加不同叶高设置

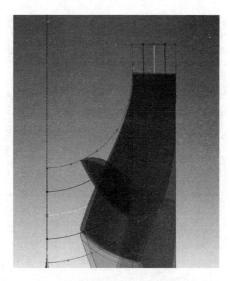

图 4-46　叶轮轴面投影图不同叶高流线

第四步，选择 ExportPoints 功能导出叶轮轴面流线数据，如图 4-47 ~
图 4-49 所示。在 Export to file 选择 Yes，并在 File Prefix 输入文件名。在设置界
面 Blade or Flow Path 处选择第三步创建的 FlowPath1，在 Blade Surfaces 处选中
叶轮任意叶片即可。需要注意的是，如果轴面投影图中前盖板和后盖板曲线
与三维叶轮重合有误差，则需调整 Hub/Shroud Offset 参数。尽可能让 span＝0
和 span＝1 两条流线贴合前盖板和后盖板。单击 generation，在文件路径下生成
hub、shroud 和 profile 的文件。

Export Type	TurboGrid
Export to file	Yes
File Folder	D:\2\test_bladeeditor\impeller5-10
File Prefix	impellerblade
Blade or Flow Path	FlowPath1
Blade Info From	User Specified
FD1, Number of Blades	0
FD2, Blade Row Number	0
Blade Surfaces	4
FD3, Hub/Shroud Offset %	2
FD4, Point Tolerance	0.001

图 4-47　ExportPoints 界面参数设置

在 BladeGen 软件中，选择 curve 文件，操作步骤与 4.4.1 小节中的 BladeGen
参数化文本生成步骤一致。逆向参数化模型与原始模型对比如图 4-50 所示，其
中包括逆向参数化模型和原始模型。

图 4-48   不同叶高流线

名称	修改日期	类型	大小
impellerblade.inf	2022/5/10 16:29	安装信息	1 KB
impellerblade_hub.curve	2022/5/10 16:29	CURVE 文件	6 KB
impellerblade_profile.curve	2022/5/10 16:29	CURVE 文件	18 KB
impellerblade_shroud.curve	2022/5/10 16:29	CURVE 文件	5 KB

图 4-49   参数化数据文本

图 4-50   逆向参数化模型与原始模型对比

第 5 章 水泵仿真计算及程序控制

5.1 Workbench 平台

ANSYS Workbench 提供了较为系统的先进工程仿真框架[66,67]，包括仿真过程中的三维造型、网格划分、数值计算等模块，形成完整的分析流程。下面内容将主要针对水泵方面进行阐述。

5.1.1 模块介绍

1. 设计模块

Workbench 平台中包含 Vista CPD（Centrifugal Pump Design，离心泵设计）、Vista AFD（Axial Fan Design，轴流风扇设计）、Vista CCD（Centrifugal Compressor Design，离心式压缩机设计）、Vista RTD（Radial Turbine Design，径向透平）和 BladeGen 三维透平机械设计模块。

2. 三维软件及网格划分模块

Workbench 平台中三维软件模块有 DesignModeler 和 SpaceClaim 两个，可对水力机械计算域及结构进行三维造型。网格划分模块有 Meshing、ICEM、Turbogrid 三种。

3. 数值计算模块

Workbench 平台中数值计算模块有流体计算和结构计算两个模块，流体计算模块有 CFX 和 Fluent 两种，结构计算模块包括静力学、模态、谐响应分析等模块。

5.1.2 计算平台搭建

从模块中选中 BladeGen、TurboGrid 和 CFX 拖动到工作区。模块间数据传递的第一种方法是将 BladeGen 左键不放拖动至 TurboGrid。第二种方法是右键单击 BladeGen 弹出菜单，选择 transfer data to new，再选择 TurboGrid。然后形成完整的数值仿真流程（见图 5-1）。

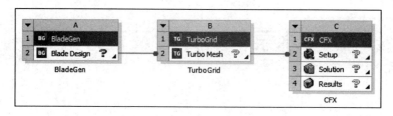

图 5-1   Workbench 数值仿真流程

5.1.3   脚本录制及 Batch 文件

Workbench 中的录制脚本（Journal）具有记录软件界面操作的功能，能实现准确重复脚本记录的操作，有利于自动化仿真分析和批处理（Batch）模式运行。

Workbench 脚本录制的步骤如下所述。

第一步，打开 Workbench 平台，选择 File→Scripting→Record Journal，启动脚本录制。

第二步，选择脚本文件的名称和存放路径，Workbench 脚本文本格式为.wbjn。

第三步，操作 Workbench 仿真流程，自动记录操作脚本。

第四步，第三步操作完成后，选择 File→Scripting→Stop Record Journal，停止脚本录制，脚本录制完成。

Workbench 软件 Batch 模式运行的代码如图 5-2 Workbench 调用命令所示，需要指定 Workbench 的安装路径，最后一个是指定 wbjn 格式的 Workbench 脚本语言。

```
"C:\Program Files\ANSYS Inc\v202\Framework\bin\Win64\RunWB2.exe" -B -R filenamewbjn
```

图 5-2   Workbench 调用命令

5.1.4   基于 Workbench 离心泵叶轮仿真流程

1. Workbench 脚本代码

记录图 5-1 中的离心泵叶轮仿真流程的脚本如图 5-3 Workbench 脚本日志所示。首先采用 save 函数保存文件路径，文件保存格式为 .wbpj。引入 BladeGen 模块的代码是 template1，引入 TurboGrid 模块的代码是 template2，引入 CFX 模块的代码是 template3。当设置完成后，最后采用 save 函数保存最终文件。

```
# encoding: utf-8
# 2020 R2
SetScriptVersion(Version="20.2.221")
Save(
    FilePath="D:/BaiduSyncdisk/work/book/chapter5/impeller.wbpj",
    Overwrite=True)
template1 = GetTemplate(TemplateName="BladeGen")
system1 = template1.CreateSystem()
template2 = GetTemplate(TemplateName="TurboGrid")
bladeDesignComponent1 = system1.GetComponent(Name="Blade Design")
componentTemplate1 = GetComponentTemplate(Name="TSMeshTemplate")
system2 = template2.CreateSystem(
    DataTransferFrom=[Set(FromComponent=bladeDesignComponent1,        TransferName=None,
ToComponentTemplate=componentTemplate1)],
    Position="Right",
    RelativeTo=system1)
template3 = GetTemplate(TemplateName="CFX")
turboMeshComponent1 = system2.GetComponent(Name="Turbo Mesh")
componentTemplate2 = GetComponentTemplate(Name="CFXPhysicsTemplate")
system3 = template3.CreateSystem(
    DataTransferFrom=[Set(FromComponent=turboMeshComponent1,        TransferName=None,
ToComponentTemplate=componentTemplate2)],
    Position="Right",
    RelativeTo=system2)
Save(Overwrite=True)
```

图 5-3　Workbench 脚本日志

2. 导入几何模型

右键单击 BladeGen 模块中 Blade Design，选择 Import Existing Case，导入叶轮三维模型（见图 5-4）。叶轮模型脚本日志（见图 5-5）中记录了叶轮文件的路径。

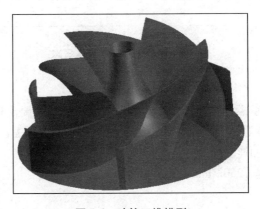

图 5-4　叶轮三维模型

```
system1 = GetSystem(Name="BG")
bladeDesign1 = system1.GetContainer(ComponentName="Blade Design")
bladeDesign1.Import(FilePath="D:/BaiduSyncdisk/work/book/chapter5/single_impeller.bgd")
```

图5-5　叶轮模型脚本日志

3. 网格划分

右键单击 TurboGrid 模块中 Turbo Mesh，选择 Edit，对网格类型、数量、边界层等参数进行设置，划分网格。网格划分的具体方法在 5.2 节中详细介绍。脚本日志（见图5-6）中记录了网格划分的步骤及设置，部分设置为对叶轮进口边进行 Fully extend 处理，网格数量设置为 Coarse（粗糙）。

```
system1 = GetSystem(Name="TS")
turboMesh1 = system1.GetContainer(ComponentName="Turbo Mesh")
turboMesh1.Edit()
system2 = GetSystem(Name="BG")
bladeDesign1 = system2.GetContainer(ComponentName="Blade Design")
bladeDesign1.Exit()
turboMesh1.SendCommand(Command="""GEOMETRY:
 INLET:
Opening Mode = Fully extend
END""")
turboMesh1.SendCommand(Command="""MESH DATA:
 Target Mesh Granularity = Coarse
 Target Mesh Node Count = 50000
END""")
turboMesh1.SendCommand(Command="> um mode=normal, object=/TOPOLOGY SET")
turboMesh1.Exit()
```

图5-6　网格划分界面脚本日志

4. 数值计算

右键单击 CFX 模块中 Setup，选择 Edit，对计算域湍流模型、边界条件、求解时间步长等参数进行设置。CFX 数值计算的具体方法在 5.3 节中详细介绍。脚本日志（见图5-7）中记录了数值计算的步骤及设置。部分设置为叶轮为旋转域，转速是 1250r/min，进口边界条件设为总压，压力为 1 个大气压，求解精度为 10^{-4}。

```
system1 = GetSystem(Name="CFX")
setup1 = system1.GetContainer(ComponentName="Setup")
> update
FLOW: Flow Analysis 1
&replace  DOMAIN: impeller
  Location = Assembly
  DOMAIN MODELS:
   DOMAIN MOTION:
    Angular Velocity = 1250 [rev min^-1]
    Option = Rotating
PARAMETERIZATION:
END""")
setup1.SendCommand(Command="""FLOW: Flow Analysis 1
 DOMAIN: impeller
&replace    BOUNDARY: inlet
    Boundary Type = INLET
    Frame Type = Stationary
      Option = Stationary Frame Total Pressure
      Relative Pressure = 1 [atm]
END # FLOW:Flow Analysis 1
setup1.SendCommand(Command="""FLOW: Flow Analysis 1
&replace  SOLVER CONTROL:
  CONVERGENCE CRITERIA:
   Residual Target = 1.E-4
   Residual Type = RMS
  END # CONVERGENCE CRITERIA:
```

图 5-7　CFX 脚本日志

5.2　网格划分

网格是控制方程空间离散化的基础。对于水力机械三维计算域而言，通常采用六面体网格（结构网格）和四面体网格（非结构网格）单元来生成网格。

5.2.1　Meshing 网格划分

网格划分通常分为几何模型前处理（简化、修补模型和命名 part 等）、网格划分方法、网格参数设置和网格质量检查四个步骤。

ANSYS Workbench 中 Meshing 模块网格划分方法主要有扫掠法（Sweep）、四面体划分法（Tetrahedrons）、自动划分法（Automatic）、多区域（MultiZone）、六面体主体法（Hex Dominant）、笛卡儿法（Cartesian）。对于水力机械的数值模拟而言，常用的方法有扫掠法（结构网格）、四面体划分法（非结构网格）、自动划分法和六面体主体法（混合网格）。

完成网格划分后，需要对网格质量进行检查。Meshing 模块中网格检查包括单元质量（Element Quality）、单元横纵比（Aspect Ratio）、雅克比比率（Jacobian Ratio）、翘曲度（Warping Factor）和倾斜度（Skewness）。

以离心泵的蜗壳为例，其计算域如图 5-8 所示。

图 5-8　蜗壳计算域

计算域的几何处理可以在 UG 等外部 CAD 软件中进行，或者直接在 ANSYS Workbench 中通过 DesignModeler 模块及 SCDM 模块来完成。这两个模块功能重合度很高，均能够完成几何创建、导入、修补等工作，其中修补功能包括线、面的缝合、体的布尔运算和小几何体的简化等。采用 DesignModeler 完成对计算域几何的处理工作，并通过 Name Selection 功能直接完成相关 part 的命名。

基于 Meshing 模块的结构化网格划分步骤如下文所述。

第一步，在 Mesh 中定义输出网格类型。该模块提供了有限元、电磁学等多种输出类型，本案例涉及水力机械的相关数值计算，输出的格式为计算流体力学（Computational Fluid Dynamics，CFD），同时选择求解器类型为 CFX（可以根据实际需求自行选定求解器）。

第二步，定义全局网格尺寸、网格增加率和网格最大尺寸，一般网格增加率控制为 1.2～2.0，以保证整体网格的均匀过渡，设置网格尺寸为 0.005m，最大尺寸为 0.01m。

第三步，选择网格划分方法，选择四面体法划分网格。

第四步，对壁面划分边界层，选择 Program Controlled 或者使用 All Faces in Chosen Named Selection，选择蜗壳计算域壁面，第一层网格高的边界层构建方法，并保证网格增长率为 1.15～1.35，以精确捕捉流体在壁面处的流动。

第五步，单击工作栏中的 Generate 生成网格。最终网格效果（细节及质量）如图 5-9 所示。

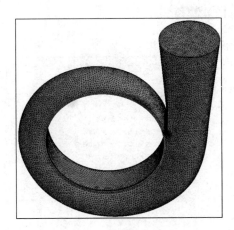

图 5-9　最终网格效果

5.2.2　TurboGrid 网格划分

TurboGrid 是一款专业的涡轮叶栅通道网格划分软件。它在旋转机械数值模拟方面具有强大优势，能在短时间内给形状复杂的叶片和叶栅通道划出高质量的结构化网格。划分步骤主要包括：①几何调整；②选择拓扑类型；③设置网格参数，包括网格节点数量和分布；④生成三维网格；⑤检查网格质量，根据需要调整拓扑类型或调整节点分布，并重新生成网格；⑥保存文件。

以离心泵叶轮为例，具体网格划分过程如下文所述。

第一步，在 Blade Set 中双击 Inlet，将 Interface Specification Method 设置为 Fully extend。Outlet 处理方法一样。

第二步，设置拓扑结构类型（见图 5-10）。拓扑结构类型主要分为进出口边形状和分流叶片两种大类，通常选择 Automatic，会自动根据叶片形状采用不同的 ATM 拓扑类型，获得较高质量的叶轮网格。

第三步，设置叶轮单通道网格数量及节点分布。控制全局网格数量的方法有两种，双击 Mesh Data，对 Method 进行设置，有两种方法：①定义全局网格尺寸因子（Global Size Factor），因子越大，网格越密；②指定目标通道网格尺寸（Target Passage Mesh Size），即指定叶轮单通道网格数目，内置的有糙网格（Coarse，20000）、中等网格（Medium，100000）和细密网格（Fine，250000），也可以选择 Specify 进行自定义网格数。控制壁面网格加密的方法有两种：①选择 Proportional to Mesh Size，其中 Factor Ratio 越大，靠近壁面网格越密；②选择 First Element Offset 直接定义第一层网格高度，并通过 Target Maximum Expansion Rate 指定网格高度增加比率。

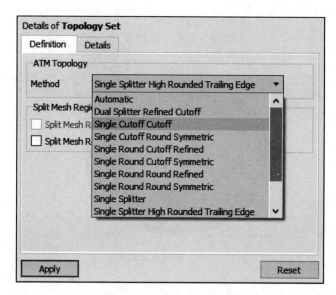

图 5-10　设置拓扑结构类型

第四步，生成结构化网格。右键单击 Topology Set，勾选 Suspend Object Updatas，生成相应的叶轮网格，最终叶轮网格细节如图 5-11 所示。

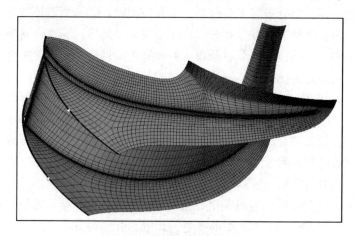

图 5-11　最终叶轮网格细节

第五步，网格质量检查。双击 Mesh Analysis，显示网格质量，双击红色字体，显示不符合标准的网格位置。一般情况下，不出现负网格且网格角度大于 18°，可进行数值计算。若网格质量较差，则可以返回 Mesh Data 中调整相关参数。

第六步，单击 File，选择 Export Mesh 输出 .gtm 的网格文件保存网格。

5.3　ANSYS CFX 数值计算及程序

5.3.1　CFX 前处理

1. 边界条件

为了准确地完成数值模拟计算，合理的边界条件非常重要。水力机械流动计算涉及的边界条件主要包括：Inlet（进口边界）、Outlet（出口边界）、Wall（壁面边界）、Opening（开放边界）、Symmetry（对称边界）。

进口、出口、开放和壁面边界条件设置如图 5-12 所示，其中前三项包括有速度、压力、质量流量等具体数值设置，壁面边界条件有无滑移和自由滑移壁面等。

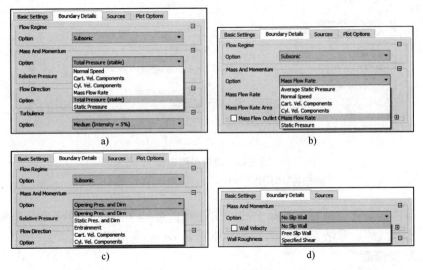

图 5-12　边界条件设置

a）进口边界　b）出口边界　c）开放边界　d）壁面边界

2. 湍流模型

雷诺平均模拟方法（RANS）是指在时间域上对流场物理量进行雷诺平均化处理，然后求解所得到的时均化控制方程。这种方法是一种计算效率高、工程应用度高的方法，常用的 RANS 模型包括 Spalart-Allmaras 模型、k-ε 模型、SST、k-ω 模型等（见图 5-13a）。

在非定常计算中，CFX[68] 还提供了精度较高的湍流模型（见图 5-13b）。大涡模拟方法（LES）是指对流场中一部分湍流进行直接求解，其余部分通过数学模型来计算。LES 模型对分离流动优势明显，但对近壁区网格密度要求高。为了克服 LES 的弱点，近年来出现了将 RANS 与 LES 结合在一起的模型，称为 RANS-LES 混合模型（Hybrid RANS-LES），如尺度自适应模拟（SAS）、分离涡模拟（DES）和嵌入式大涡模拟（ELES）等。这些模型结合了 RANS 与 LES 各自的优势。

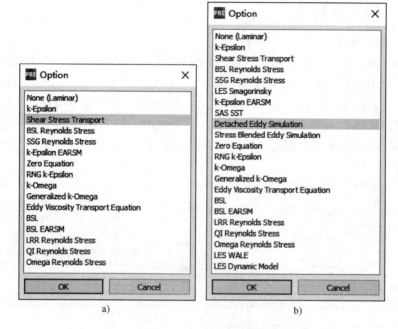

图 5-13 湍流模型选择

a）定常计算湍流模型列表 b）非定常计算湍流模型列表

若考虑空化模型时，计算泵的空化性能，在 CFX 软件中首先定义两种介质：水和气体，激活 Cavitation 模型，默认是 Zwart 空化模型。

3. 交接面

交接面是把多种计算域连接到一起，针对全流道定常数值模拟，在 CFX 中可采用 Frozen Rotor 模型或者混合面 Stage 模型作为动静交接面模型。静止部件与静止部件的交接面一般设为 None，或者是 Specific。针对非全流道定常数值模拟，通常采用 Transient Rotor Stator 模型来设置动静交接面。考虑旋转机械的流动周期性，降低计算资源的占用，可采用部分流道进行数计算，旋转机械周期性交接面采用 Rotational Periodicity。

4. 计算收敛性判断

在 CFX 中，残差分为最大（MAX）残差和均方根（RMS）残差。对于多数流动分析问题，可选择 RMS 残差，将 RMS 残差收敛标准值设置为 10^{-4} 可以满足多数工程应用的需要。如果需要更高的收敛精度，也可选择 10^{-5}。MAX 残差通常比 RMS 残差大 10 倍左右，因此可设置 MAX 残差收敛

标准值为 10^{-3}。

5. CEL 语言

CFX 表达式语言（CFX Expression Language，CEL）是一种解释性和说明性语言，便于写入自定义公式。语法规则与常规的代数语法一致，包括加、减、乘、除等。CEL 语言可调用相关函数，如 step 分步函数、if 函数等。需要注意的是公式中的变量单位需保持一致。

6. CCL 语言

命令行语言文件（CFX Command Language，CCL）在 CFX 前处理设置完成后，可将前处理设置的相关参数进行保存，选择 File，单击 Export CCL。如果后期对前处理设置进行修改，则采用记事本打开 CCL 文件，编辑保存后，打开原始文件后，选择 File，单击 Import CCL。

7. 脚本录制

CFX-Pre 具有脚本录制功能。脚本录制的步骤如下文所述。

第一步，打开 Pre 前处理软件，选择 Session→New Session，启动脚本录制。

第二步，选择脚本文件的名称和存放路径，CFX-Pre 脚本文本格式为 .pre。

第三步，选择 Session→Start Recording，操作 CFX-Pre 仿真流程，自动记录操作脚本。

第四步，第三步操作完成后，选择 Session>Stop Recording，停止脚本录制，脚本录制完成。

CFX-Pre 软件 Batch 模式运行的代码如图 5-14 前处理 batch 命令所示。需要指定 CFX-Pre 的安装路径，最后一个是指定 pre 格式的 CFX-Pre 脚本语言。

```
"C:\Program Files\ANSYS Inc\v202\CFX\bin\cfx5pre.exe" -batch new_session_bc.pre
```

图 5-14　前处理 batch 命令

8. 脚本代码

记录离心泵前处理的脚本文件保存格式为 .pre。下面对脚本中主要的几个内容进行介绍。

首先通过 gtmImport 函数导入叶轮和导叶网格文件（见图 5-15a）。

然后，对计算域、边界、交接面、数值计算等进行设置，如果有类似计算模型的 CCL 语言文件，可直接导入到数值模型中（见图 5-15b）。

最后是保存前处理文件（见图 5-15c）。

```
> gtmImport filename=D:/2022-6-14/project/digital_twin/test/diffuser.gtm, type=\
GTM, units=m, nameStrategy= Assembly
> gtmImport filename=D:/2022-6-14/project/digital_twin/test/impeller.gtm, type=\
GTM, units=m, nameStrategy= Assembly
> update
```

a)

```
>importccl filename=D:/2022-6-14/project/digital_twin/test/\
centrifgual_pump_vane_-four.ccl, mode = replace, autoLoadLibrary = none
> update
```

b)

```
>writeCaseFile filename=D:/2022-6-14/project/digital_twin/test/volute_pump.cfx
> update
```

c)

图 5-15　前处理设置相关代码

a）导入网格文件　b）导入数值计算设置 CCL 语言文件　c）保存文件

5.3.2　CFX 求解器

1. 数值计算命令

采用 cfx5solve 命令可批量处理数值计算文件，调用命令如图 5-16 定常计算所示。-batch 是在计算中不会启动 CFX 求解交互界面。-par-load 是基于本地计算机进行并行计算。-partition 是并行计算核数。

```
"C:\Program Files\ANSYS Inc\v202\CFX\bin\cfx5solve.exe" -batch -def
filenamedef -par-local -partition 4  -fullname filenamerespath
```

图 5-16　定常计算

在求解非定常计算文件时，需要采用定常计算结果作为初始条件。调用命令中添加初始文件，如图 5-17 非定常计算所示。-ini 是非定常计算文件的初始化计算结果。

```
"C:\Program Files\ANSYS Inc\v202\CFX\bin\cfx5solve.exe" -batch -def
filenamedef -ini initialfileres -par-local -partition 4  -fullname filenamerespath
```

图 5-17　非定常计算

2. 监测点数据导出命令

采用 cfx5mondata 可以将数值计算全部监测点数据快速导出，文本格式为 csv，调用命令如图 5-18 所示。

```
"C:\Program Files\ANSYS Inc\v202\CFX\bin\cfx5mondata.exe" -res
filename.res -varrule "CATEGORY = USER POINT" -out filename.csv
```

图 5-18　监测点全部数据导出

如果只需要导出数值计算监测点最后一个数据，调用命令如图 5-19 所示。

```
"C:\Program Files\ANSYS Inc\v202\CFX\bin\cfx5mondata.exe" -res
filename.res -lastvaluesonly -varrule "CATEGORY = USER POINT" -out
filename.csv
```

图 5-19　监测点最后一个数据导出

在数值仿真窗口，右键单击 User Points 界面，选择 Export Plot Variables，手动导出监测点数据（见图 5-20）。

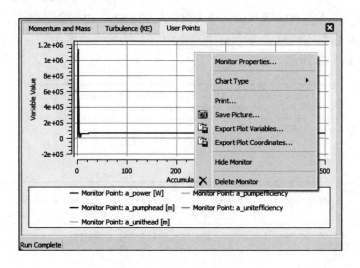

图 5-20　手动导出监测点数据

3. 动态修改 def 仿真文件

采用 cfx5control 命令可以动态控制数值仿真过程。停止当前计算的调用命令如图 5-21 所示。

```
"C:\Program Files\ANSYS Inc\v202\CFX\bin\cfx5control.exe" D:\cfx_test\
filename.dir -stop
```

图 5-21　停止计算文件

对当前正在仿真的案例生成备份文件，格式为 bak，调用命令如图 5-22 所示。

```
"C:\Program Files\ANSYS Inc\v202\CFX\bin\cfx5control.exe" D:\cfx_test\
filename.dir -backup
```

图 5-22　计算文件备份

对当前正在仿真的案例修改 def 文件中的 CCL，调用命令如图 5-23 所示。在弹出的 CCL 语言框中，CEL 是无法进行修改的，只有绿色文字部分才能被修改。

```
"C:\Program Files\ANSYS Inc\v202\CFX\bin\cfx5control.exe" D:\cfx_test\
filename.dir -edit-commands
```

图 5-23　CCL 编辑

在当前正在仿真的案例中，导入修改后的 CCL，调用命令如图 5-24 所示。这种方法可以更方便修改命令行语言中内容。例如修改泵的转速，在 CFX 求解界面如图 5-25 所示。

```
"C:\Program Files\ANSYS Inc\v202\CFX\bin\cfx5control.exe" D:\cfx_test\
filename.dir -inject-commands cclfile.ccl
```

图 5-24　导入修改后的 CCL 文件

```
+----------------------------------------------------------------+
|    Reading modified Command file.  Differences are given below. |
+----------------------------------------------------------------+

+----------------------------------------------------------------+
| Updating Command Language with the following changes:          |
|  LIBRARY:                                                      |
|    CEL:                                                        |
|      EXPRESSIONS:                                              |
|        Angular Velocity of Pump = 1200 [rev min^-1] -> 1300 [rev - |
| min^-1]                                                        |
|      END                                                       |
|    END                                                         |
|  END                                                           |
+----------------------------------------------------------------+
```

图 5-25　泵转速修改 CFX 求解界面

4. 仿真结果格式转换

数值计算结束后，通常采用 CFX Post 进行后处理操作，若需要采用其他软件对数值仿真结果（.res 文件）进行分析，采用 cfx5export 命令进行格式转换。

将计算结果转换成 cgns 格式，可以采用 Tecplot 软件进行后处理分析，如图 5-26 所示。此外，CFX 计算结果还能转换成 ensight、fieldview、patran 等其他格式。

> "C:\Program Files\ANSYS Inc\v202\CFX\bin\cfx5export.exe" -cgns pump.res

图 5-26　结果格式转换

5.3.3　CFX 后处理

完成数值计算后，对流场进行可视化研究。内流场可以通过 CFX Post 内置的速度、压力、湍动能等变量进行显示，同时也可以自定义变量，譬如圆周速度、熵产等。

在非定常计算过程中，为了分析泵内部不稳定流动，需保存较多的中间计算文件，为了提高后处理效率，采用编程方法对流场分析的批处理命令进行调用。

1. 脚本录制

CFX Post 和 CFX Pre 一样，具有脚本录制功能。CFX Post 脚本录制的步骤如下文所述。

第一步，打开 Post 后处理软件，选择 Session > New Session，启动脚本录制。

第二步，选择脚本文件的名称和存放路径，CFX-Post 脚本文本格式为 .cse。

第三步，选择 Session→Start Recording，操作 CFX-Post 仿真流程，自动记录操作脚本。

第四步，第三步操作完成后，选择 Session→Stop Recording，停止脚本录制，脚本录制完成。

CFX-Post 软件 batch 模式运行的代码如图 5-27 所示。需要指定 CFX-Post 的安装路径，最后一个是指定 cse 格式的 CFX-Post 脚本语言。

> "C:\Program Files\ANSYS Inc\v202\CFX\bin\cfx5post.exe" -batch filename.cse

图 5-27　后处理 batch 命令

2. 后处理过程

下面将介绍泵内流场部分后处理过程，步骤如下文所述。

第一步，新建一个平面，选择 Impeller 计算域，平面选择 XY 平面。

第二步，新建流线图，选择第一步建好的平面，设置速度范围及流线特征，为了能在后面的步骤中统一将内流图片导出，右键单击速度流线图，选择 Copy to New Figure，在 Report 中生成新的流线图。

第三步，新建压力云图（见图 5-28），选择第一步建好的平面，设置变量为 Total Pressure in Stn Frame。右键单击压力云图，选择 Copy to New Figure，在 Report 中生成新的压力云图。

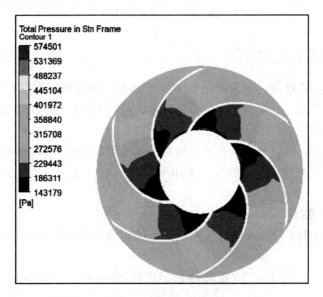

图 5-28　新建压力云图

第四步，右键单击 Report，选择 Publish，设置分析报告存储路径（见图 5-29），导出报告。生成一个 Report 文件夹，保存叶轮流线图和压力云图，同时还会生成一个 Report.htm 文件，即网页版分析报告（见图 5-30），用浏览器打开，可以看到网格、计算及后处理的图片等信息。

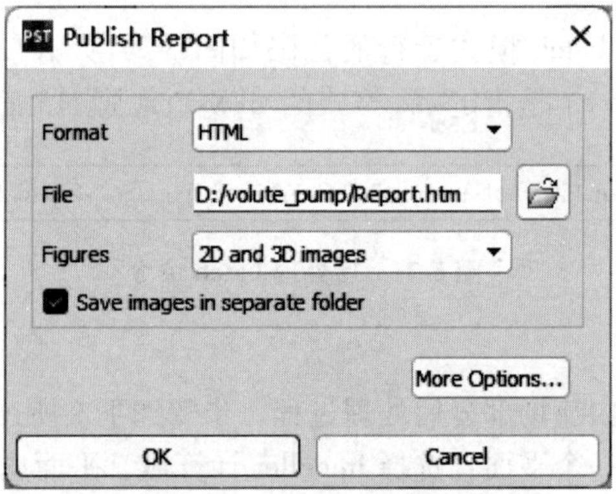

图 5-29　分析报告存储路径

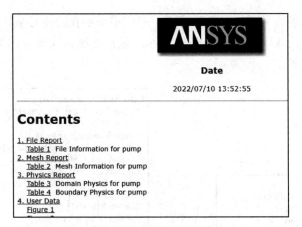

图 5-30　网页版分析报告

3. 脚本代码

记录离心泵叶轮流场后处理的脚本文件保存格式为 . cse。下面对脚本中主要的几个内容进行介绍。

首先通过 load 函数指定离心泵叶轮计算结果文件路径（见图 5-31）。

```
COMMAND FILE:
 CFX Post Version = 20.2
END
DATA READER:
 Domains to Load = DIFFUSER, IMPELLER, INLET, OUTLET, VOLUTE
END
>load filename=D:/volute_pump/pump.res, force_reload=true
```

图 5-31　计算结果文件路径

速度、压力等内流场的图例设置如图 5-32 所示，包括图例的位移、数字格式、字体大小等。

```
DEFAULT LEGEND:Default Legend View 1
  Colour = 0, 0, 0
  Font = Sans Serif
  Legend Aspect = 0.07
  Legend Format = %3.0f
  Legend Orientation = Vertical
  Legend Position = 0.02 , 0.15
  Legend Size = 0.6
  Legend Ticks = 5
  Legend Title = Legend
  Legend Title Mode = Variable and Location
  Legend X Justification = Left
  Legend Y Justification = Top
  Show Legend Units = On
  Text Colour Mode = Default
  Text Height = 0.024
  Text Rotation = 0
END
```

图 5-32　图例设置

新建内流场的平面如图 5-33 所示，指定平面所在的离心泵计算域及位置。

设置速度流线图参数如图 5-34 所示，包括速度流线显示的平面、速度范围、流线宽度等。

```
STREAMLINE:Streamline 1
  Colour Mode = Use Plot Variable
  Colour Scale = Linear
  Colour Variable = Velocity
  Colour Variable Boundary Values = Conservative
  Domain List = IMPELLER
  Location List = /PLANE:Plane 1
  Locator Sampling Method = Equally Spaced
  Max = 28 [m s^-1]
  Min = 0.0 [m s^-1]
  Number of Samples = 200
  Stream Symbol = Arrowhead3D
  Streamline Width = 2
  Symbol Size = 0.3
END
```

```
PLANE:Plane 1
  Domain List = IMPELLER
  Draw Faces = On
  Draw Lines = Off
  Invert Plane Bound = Off
  Lighting = On
  Option = XY Plane
END
```

图 5-33　新建内流场的平面　　　　　图 5-34　设置速度流线图参数

设置分析报告参数如图 5-35 所示，包括图片尺寸、格式及报告保存路径。

```
REPORT:
 PUBLISH:
  OUTPUT SETTINGS:
    Chart Image Type = png
    Chart Size = Same As Figure
    Custom Chart Size Height = 384
    Custom Chart Size Width = 512
    Custom Figure Size Height = 384
    Custom Figure Size Width = 512
    Figure Image Type = jpg
    Figure Size = 2048 x 1536
    Fit Views = Off
  END
 END
END
REPORT:
 PUBLISH:
  Generate 3D Viewer Files = On
  Report Format = HTML
  Report Path = D:/volute_pump/Report.htm
  Save Images In Separate Folder = On
 END
END
>report save
```

图 5-35　设置分析报告参数

在进行脚本录制时先设定好相关参数及内流显示图片，修改 CFX Post 的脚本可批量处理计算结果文件，修改的内容主要有两处：计算文件和报告文件路径。

第6章 水泵性能优化方法编程

6.1 引力搜索算法

6.1.1 算法原理

引力搜索算法（Gravitational Search Algorithm，GSA）是由 Esmat Rashedi 教授等人于 2009 年提出的受引力和质量相互作用的一种基于种群的随机优化方法[69]。这种算法提供了一种迭代方法，模拟质量相互作用，并在物理学中的引力影响下在多维搜索空间中移动。在该算法中，粒子被视为物体，其性能由其质量来衡量，每个粒子代表搜索问题的候选解决方案，所有的粒子都会通过重力相互吸引，而重力会导致所有物体朝着质量更重的物体整体移动。由于较重的质量具有较高的适应值，其代表了问题的较佳解决方案，并且比代表较差解决方案的较轻质量移动得慢，保证算法获得全局解和收敛性能。

引力搜索算法有四个要素：位置、惯性质量、主动引力质量和被动引力质量。其中质量均由优化问题的适应度函数决定，粒子位置表示问题的解。假设在一个 n 维的搜索空间中有 N 个粒子组成的种群 $X = (X_1, X_2, \cdots, X_N)$，定义第 i 个粒子的位置为 $X_i = (x_i^1, x_i^2, \cdots, x_i^d, \cdots, x_i^n)$，其中 x_i^d 是个体 i 在第 d 维空间上的位置。

在该算法中个体的初始位置是随机产生的。某时刻，在 t 次迭代中，定义粒子 j 对粒子 i 的作用力 $F_{ij}^d(t)$ 为：

$$F_{ij}^d(t) = G(t) \frac{M_{pi}(t) \times M_{aj}(t)}{R_{ij}(t) + \varepsilon} [X_j^d(t) - X_i^d(t)] \tag{6-1}$$

式中，$G(t)$ 表示 t 时刻的引力常数；ε 为很小的常数；$R_{ij}(t)$ 为粒子间的欧式距离；$M_{pi}(t)$ 和 $M_{aj}(t)$ 分别表示粒子 i 的被动引力质量和粒子 j 的主动引力质量。

$G(t)$ 为由开始的某一初始值，随着时间的推移不断减小的函数，其计算公式如下：

$$G(t) = G_0 e^{-\alpha \frac{t}{T}} \tag{6-2}$$

式中，G_0 和 α 为常数；T 为最大迭代次数。

$G(t)$ 影响着 GSA 的全局与局部搜索能力的平衡，因此 G_0 和 α 的取值非常重要，G_0 常取 100 和 α 常取 20。距离计算公式如式（6-3）所示：

$$R_{ij}(t) = \| X_i(t), X_j(t) \|_2 \tag{6-3}$$

为了增加随机性，假设粒子 X_i 的第 d 维的总作用力为其他所有粒子的作用力之和，X_i 的受力 $F_i^d(t)$ 和加速度 $a_i^d(t)$ 分别定义为：

$$F_i^d(t) = \sum_{j=1, j\neq i}^{kbest(t)} rand_j F_{ij}^d(t) \tag{6-4}$$

$$a_i^d(t) = \frac{F_i^d(t)}{M_{ii}(t)} \tag{6-5}$$

式中，$rand_j$ 为 $[0,1]$ 之间的随机数；$kbest(t)$ 表示在 t 次迭代时一组质量较大粒子的数量。

粒子 X_i 的下一次速度为部分当前速度与加速度之和，下一次位置更新为下一次速度与上次位置之和，其更新公式如下：

$$v_i^d(t+1) = rand_i \times v_i^d(t) + a_i^d(t) \tag{6-6}$$

$$X_i^d(t+1) = X_i^d(t) + v_i^d(t+1) \tag{6-7}$$

假设引力质量与惯性质量相等，物体的质量可以通过适当的运算规则去更新，更新算法规则如下：

$$M_{ai} = M_{pi} = M_{ii} = M_i, \quad i = 1, 2, \cdots, N \tag{6-8}$$

$$m_i(t) = \frac{fit_i(t) - worst(t)}{best(t) - worst(t)} \tag{6-9}$$

$$M_i(t) = \frac{m_i(t)}{\sum_{j=1}^{N} m_j(t)} \tag{6-10}$$

式中，$fit_i(t)$ 表示低 t 次迭代时 X_i 的适应度；$best(t)$ 和 $worst(t)$ 表示在 t 次迭代下，所有粒子中最好的适应值和最差的适应值。

针对求解目标函数最小值问题时，$best(t)$ 和 $worst(t)$ 的定义为式（6-11）和式（6-12）。

$$best(t) = \min_{j \in \{1,\cdots,N\}} fit_j(t) \tag{6-11}$$

$$worst(t) = \max_{j \in \{1,\cdots,N\}} fit_j(t) \tag{6-12}$$

6.1.2 算法流程及程序

如图 6-1 所示为引力搜索算法的计算流程图。

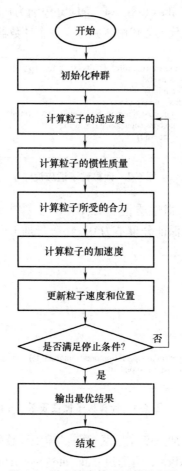

图 6-1　引力搜索算法计算流程图

采用 numpy 库实现引力搜索算法，具体步骤如下文所述。

第一步，初始化种群（见图 6-2）。将种群 x 中的粒子随机散落到定义的可行域内，并将初始粒子速度定义为 0。其中 numpop 为种群的大小，functiondim 为定义的维度，ub 和 lb 分别为可行域的上下边界。

```
lb_array = np.tile(lb, (numpop, 1))
ub_array = np.tile(ub, (numpop, 1))
t_rand = np.random.random((numpop, functiondim))
x = t_rand * (ub_array - lb_array) + lb_array
v = np.zeros((numpop, functiondim))
```

图 6-2　初始化种群

第二步，计算粒子的适应度（见图 6-3）。将种群 x 代入到定义的函数 f_objective 中，计算出每个粒子的适应度值 f。为方便观察结果，可将每次迭代的解存储到容器中，定义 fbest、xgbest、fgbest 分别为历史迭代的最优解、当前迭代的最优粒子、当前迭代的最优解，并定义一个计数器 j 来记录迭代的次数。

```
fbest = np.zeros((numiter, 1), dtype=np.float64)
f = f_objective(x)
fmin = np.min(f)
fminindex = np.argmin(f)
xgbest = np.ones((numpop, functiondim)) * x[fminindex, :]
fgbest = np.ones((numpop, 1)) * fmin
fbest[j] = fgbest[0]
j = 0
```

图 6-3   计算粒子适应度

第三步，计算粒子的惯性质量（见图 6-4）。粒子惯性质量计算定义为函数 calculateMass。其中为保证分母不为 0，将分母加上一个极小的数 eps。

```
def calculateMass(f):
    global eps
    numpop = f.shape[0]
    fmin = np.min(f)
    fmax = np.max(f)
    if fmin == fmax:
        mass = np.ones((numpop,1))
    else:
        massvalue = (f.reshape((numpop,1)) - np.ones((numpop, 1)) * fmax) / (fmin - fmax + eps)
        mass = massvalue / np.sum(massvalue)
    return mass
```

图 6-4   计算粒子惯性质量

第四步，计算粒子的加速度（见图 6-5）。需先计算引力常数和精英粒子数，分别定义为 constantG 和 kBest，再通过 calculateAcceleration 计算粒子加速度。

```
def constantG(numiter,j):
    alfa = 20
    G = 100
    g = G * np.exp(-alfa * j / numiter)
    return g
def kBest(numpop,numiter,j):
    final_agents = 1
    kbest = round(numpop - (numpop - final_agents) / float(numiter) * (j - 1))
    return kbest
def calculateAcceleration(x,f,kbest,g,mass):
    global eps
    f = f.reshape(-1)
    numpop = x.shape[0]
    functiondim = x.shape[1]
    acceleration = np.zeros((numpop, functiondim))
    for k in np.arange(numpop):
        distance_Euclidian = np.linalg.norm(x[np.argsort(f, axis=0)[0:kbest], :] - np.tile(x[k,:], (kbest, 1)))
        F = g * mass[np.argsort(f, axis=0)[0:kbest]] / (distance_Euclidian + eps)
            * (x[np.argsort(f, axis=0)[0:kbest], :] - np.tile(x[k, :], (kbest, 1)))
        acceleration[k, :] = np.sum(np.random.random((kbest, functiondim)) * F, axis=0)
    return acceleration
```

图 6-5   计算粒子加速度

第五步，更新粒子速度和位置（见图6-6）。

```
v = np.random.random((numpop, functiondim)) * v + acceleration
x = x + v
```

图 6-6　更新粒子速度和位置

引力搜索算法主程序 gsa 如图 6-7 所示，其主体迭代循环采用 while 函数实现。在调用算法主程序之前需设定基本参数，如函数 f_objective、种群数 numpop，函数维度 functiondim，下边界 lb、上边界 ub 和最大迭代次数 numiter。

```
import numpy as np
def gsa(f_objective, numpop, functiondim, lb, ub, numiter):
    global eps
    eps = 1e-30
    lb_array = np.tile(lb, (numpop, 1))
    ub_array = np.tile(ub, (numpop, 1))
    t_rand = np.random.random((numpop, functiondim))
    x = t_rand * (ub_array - lb_array) + lb_array
    v = np.zeros((numpop, functiondim), dtype=np.float64)
    fbest = np.zeros((numiter, 1), dtype=np.float64)
    f = f_objective(x)
    fmin = np.min(f)
    fminindex = np.argmin(f)
    xgbest = np.ones((numpop, functiondim)) * x[fminindex, :]
    fgbest = np.ones((numpop, 1)) * fmin
    j = 0
    fbest[j] = fgbest[0]
    while j < numiter - 1:
        j = j + 1
        g = constantG(numiter, j)
        mass = calculateMass(f)
        kbest = kBest(numpop, numiter, j)
        acceleration = calculateAcceleration(x,f,kbest,g,mass)
        v = np.random.random((numpop, functiondim)) * v + acceleration
        x = x + v
        f = f_objective(x).reshape(-1,)
        fmin = np.min(f)
        fminindex = np.argmin(f)
        if fmin < fgbest[0]:
            xgbest = np.ones((numpop, 1))* x[fminindex, :]
            fgbest = np.ones((numpop, 1))* fmin
        fbest[j] = fgbest[0]
    return xgbest, fgbest, fbest
```

图 6-7　引力搜索算法主程序 gsa

6.1.3　算法测试

选取六个单峰、多峰和固定多峰测试函数对引力搜索算法进行仿真测试[69]，其函数表达式、搜索空间与其最优值如表 6-1 所示。其中函数 F_1 和 F_2

为单峰函数，函数 F_3 和 F_4 为多峰函数，函数 F_5 和 F_6 为固定多峰函数。函数的测试设置如表 6-2 所示。

表 6-1   单峰、多峰和固定多峰测试函数

测试函数	搜索空间	最优值
$F_1(X) = \sum\limits_{i=1}^{n} x_i^2$	$[-100, +100]^n$	0
$F_2(X) = \sum\limits_{i=1}^{n} \lvert x_i \rvert + \prod\limits_{i=1}^{n} \lvert x_i \rvert$	$[-10, +10]^n$	0
$F_3(X) = \sum\limits_{i=1}^{n} - x_i \sin\left(\sqrt{\lvert x_i \rvert}\right)$	$[-500, +500]^n$	$-418.983n$
$F_4(X) = \sum\limits_{i=1}^{n} \left[x_i^2 - 10\cos(2\pi x_i) + 10 \right]$	$[-5.12, +5.12]^n$	0
$F_5(X) = 4x_1^2 - 2.1x_1^4 + \dfrac{1}{3}x_1^6 + x_1 x_2 - 4x_2^2 + 4x_2^4$	$[-5, +5]^2$	1.0316285
$F_6(X) = \left(x_2 - \dfrac{5.1}{4\pi^2}x_1^2 + \dfrac{5}{\pi}x_1 - 6 \right)^2 + 10\left(1 - \dfrac{1}{8\pi} \right)\cos x_1 + 10$	$[-5, 10]\times[0, 15]$	0.398

表 6-2   函数的测试设置

测试函数	维度	种群数 N	最大迭代次数 T	循环次数	收敛精度
$F_1 \sim F_4$	30	50	1000	30	0.001
F_5、F_6	2	20	150	50	

选取七个评价指标对测试结果进行评估，评价指标分别如下：

1）成功率 FEs：总计算次数中达到收敛精度所占比例。

2）平均评估次数 SR：达到收敛精度所需的评估次数。

3）最优值 Best：在多次循环计算中表现最优的值，反映算法求解深度及局部探索能力。

4）最劣值 Worst：在多次循环计算中表现最差的值，能反映出算法最糟糕的表现。

5）平均值 Mean：在多次循环计算中反映解的一般水平。

6）标准差 Std：表示解的离散程度，也反映算法求解的稳定性及鲁棒性。

7）中位数 Median：不受最值的影响，反映结果的中等水平。当中位数小于平均值时，代表一半计算结果优于平均整体的水平。

测试结果如表 6-3 所示。

表 6-3　测试结果

评价指标	F_1	F_2	F_3	F_4	F_5	F_6
FEs	—	21605	—		547	450
SR（%）	0	100	0	0	100	100
Best	1.89e+02	1.35e-08	-3.83e+03	4.9748	-1.0316	3.97e-01
Worst	8.80e+02	2.20e-08	-2.15e+03	1.59e+01	-1.0316	3.97e-01
Mean	5.08e+02	1.74e-08	-2.71e+03	1.03e+01	-1.0316	3.97e-01
Std	1.89e+02	1.86e-09	3.67e+02	2.8892	4.73e-16	3.33e-16
Median	4.68e+02	1.76e-08	-2.68e+03	9.9496	-1.0316	3.97e-01

6.2　粒子群算法

6.2.1　算法原理

粒子群优化算法（Particle Swarm Optimization）在 1995 年由美国学者 James Kennedy 和 Russell Eherhart 提出[70]。其基本思想是模仿自然界鸟群、鱼群搜索食物的行为方式。假想在一个场景，一群鸟在指定的区域内随机搜索唯一一块食物，在搜索初期，所有的鸟都不知道食物在哪里，它们处于随机位置并且飞行的速度也是随机的。在搜索过程中，种群之间分享搜索信息，每只鸟在飞行过程中都知道它们目前所在的位置离食物有多远。为了找到食物，所有的鸟都朝向目前离食物最近的鸟周围区域飞行。

粒子群算法从鸟群运动规律中得到启发，搜索全局最优的空间类比于鸟群寻觅食物的空间，每只鸟类比为一个粒子[71]。算法首先初始化随机运动的一定数量的种群，粒子的位置是一个搜索空间的可行解。在每次迭代过程中衡量自身粒子的适应值（fitness value），并且记忆到当前位置前所有迭代过程中其自身的最优值，称为个体极值（pbest），同时粒子之间通过交流信息了解到当前迭代过程中群体的最优值，称为全局极值（gbest）。每个粒子通过两个极值来更新下一步运动的速度，从而调整粒子运动的位置，向最优点靠拢。

如图 6-8 所示为在种群更新过程中粒子运动（位置变化）示意图，粒子具有速度 v 和位置 s 两个变量。速度由三个部分组成，第一部分是粒子自身运动速度 v_1；第二部分是自身认识部分，粒子向自身所迭代过程中取得的个体极值运动的自身认识学习速度 v_2；第三部分是社会经验部分，粒子向迭代过程中种群获得全局极值运动的社会学习速度 v_3。粒子群算法的基本数学模型如式（6-13）和式（6-14）所示。

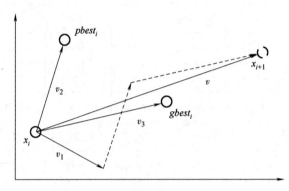

图 6-8   粒子运动示意图

$$v_{i,t+1} = v_{i,t} + c_1 \times rand_{1i} \times (pbest_i - x_{i,t}) + c_2 \times rand_{2i} \times (gbest_i - x_{i,t}) \tag{6-13}$$

$$x_{i,t+1} = x_{i,t} + v_{i,t+1} \tag{6-14}$$

式中，$x_{i,t}$ 和 $v_{i,t}$ 分别表示在迭代时刻 t 第 i 个粒子的位置和速度；c_1 和 c_2 分别为自身认识学习速度和社会学习速度的学习因子；$rand_{1i}$ 和 $rand_{2i}$ 是随机因子，在 0 和 1 之间随机取值。

粒子运动的位置取决于粒子的运动速度，速度的三个组成部分决定了粒子在可行空间的搜索能力。第一部分平衡全局和局部搜索能力。第二部分表示粒子的局部搜索能力。如果 $c_1 = 0$，那么粒子只有群体经验，收敛速度快，但易陷入局部最优。第三部分表征粒子群间的信息共享，引导粒子向种群中最优位置运动。如果 $c_2 = 0$，粒子间无法共享信息，得到最优解的概率减小，导致算法收敛速度减慢。

优化问题是在一定的 n 维空间范围内，寻找数学模型的最优值（通常是指最小值）。如果所研究的目标函数是最大化问题，一般通过 $\min[-f(x)]$ 转化为最小化问题。数学模型如下：

$$\begin{cases} \min f(x_1, x_2, \cdots, x_{n-1}, x_n) \\ s.t\ lb_i \leqslant x_i \leqslant ub_i \qquad i = 1, 2, \cdots, n-1, n \end{cases} \tag{6-15}$$

式中，lb_i 和 ub_i 分别为第 i 个粒子取值的上下边界；x_i 在此范围内为优化问题的可行解。

6.2.2　算法流程及程序

如图 6-9 所示为粒子群算法流程。

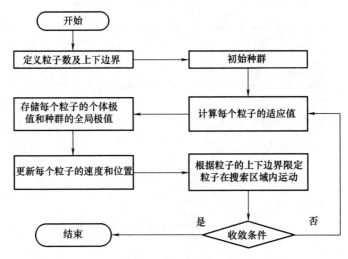

图6-9　粒子群算法流程

采用 numpy 库实现粒子群算法，具体步骤如下文所述。

第一步，初始化种群，与引力搜索算法初始化种群一样。

第二步，计算粒子适应度，与引力搜索算法计算适应度一样。

第三步，更新粒子速度和位置（见图6-10），设定 c1、c2、wmax 和 wmin 的参数，实现更新。

```
w=wmax+(wmin-wmax)*j/numiter
v=w*v+c1*np.multiply(np.random.random((numpop,functiondim)),(xpbest-x))+\
    c2*np.multiply(np.random.random((numpop,functiondim)),(xgbest-x))
x=x+v
```

图6-10　更新粒子速度和位置

粒子群算法主程序 pso 如图 6-11 所示，其主体迭代循环采用 while 函数实现。在调用算法主程序之前需设定基本参数，如函数 f_objective、种群数 numpop，函数维度 functiondim，下边界 lb、上边界 ub 和最大迭代次数 numiter。

6.2.3　算法测试

选取与引力搜索算法测试中相同的六个测试函数对粒子群算法进行仿真测试，所有测试设置均与之前保持一致，测试结果如表6-4所示。

```python
import numpy as np
def pso(f_objective,numpop,functiondim,lb,ub,numiter):
    lb_array = np.tile(lb, (numpop, 1))
    ub_array = np.tile(ub, (numpop, 1))
    t_rand = np.random.random((numpop, functiondim))
    x = t_rand * (ub_array - lb_array) + lb_array
    v = np.zeros((numpop, functiondim), dtype=np.float64)
    fbest = np.zeros((numiter, 1), dtype=np.float64)
    f = f_objective(x)
    fmin = np.min(f)
    fminindex = np.argmin(f)
    xgbest = np.ones((numpop, functiondim)) * x[fminindex, :]
    fgbest = np.ones((numpop, 1)) * fmin
    j = 0
    fbest[j] = fgbest[0]
    fpbest = f
    xpbest = x
    wmax = 1.2
    wmin = 0.8
    c1 = 2
    c2 = 2
    while j<numiter-1:
        j=j+1
        v=v+c1*np.multiply(np.random.random((numpop,functiondim)),(xpbest-x))+\
        c2*np.multiply(np.random.random((numpop,functiondim)),(xgbest-x))
        x=x+v
        f=f_objective(x)
        row_min=np.where(f<fpbest)[0]
        if  len(row_min)!=0:
            xpbest[row_min]=x[row_min]
        fmin=np.min(f)
        fminindex = np.argmin(f)
        if fmin<fgbest[0]:
            xgbest=np.multiply(np.ones([numpop,1]),x[fminindex,:])
            fgbest=np.multiply(np.ones([numpop,1]),fmin)
        fbest[j]=fgbest[0]
    return xgbest,fgbest,fbest
```

图 6-11   粒子群算法主程序

表 6-4   测试结果

评价指标	F_1	F_2	F_3	F_4	F_5	F_6
FEs	—	—	—	—	2325	2216
SR (%)	0	0	0	0	92	90
Best	1.23e+02	5.2498	−8.16e+03	1.09e+02	−1.0316	3.97e−01
Worst	5.05e+02	2.64e+01	−5.51e+03	1.71e+02	−1.0283	4.01e−01
Mean	2.92e+02	7.4285	−6.78e+03	1.31e+02	−1.0312	3.98e−01
Std	8.10e+01	3.6436	6.98e+02	1.71e+01	5.65e−04	5.49e−04
Median	2.91e+02	6.8049	−6.63e+03	1.26e+02	−1.0314	3.98e−01

6.3　离散型遗传算法

6.3.1　算法原理

遗传算法（Genetic Algorithm，GA）是一种元启发式算法[72,73]，由美国密歇根大学教授 John Holland 开发的，并于 1975 年出版了著作——*Adaptation in Natural and Artificial Systems*。遗传算法就是模拟物种的繁衍过程。随着大自然的演变，部分物种通过自身变异不断增强适应自然的能力，而不能够适应自然环境变化的物种则随之灭亡，这个过程即为生物的进化。为了研究生物进化，可以将一个物种称之为一个群体，一个群体又由许多个体组成。生物进化一般通过三个进化机制来完成：

1）自然选择，选择适应环境能力强的个体。适应环境能力强的个体生存下来的概率较大，通过自然选择，选择出一部分具有较强适应环境能力的个体。

2）杂交。不同生物体杂交，父代遗传给子代自身的性状，子代具有父代遗传物质以及自身的染色体。

3）基因突变。染色体在进行基因重组的过程中，由于断裂位置错误导致基因缺失等可能发生的小概率事件，导致产生不同于正常杂交过程的子代，即具有新的染色体的子代。基因突变虽然发生概率小，但是对于维持种群多样性是一个必要的过程。

将生物进化的三个机制对应到遗传算法中，即遗传算法中的三种遗传操作：选择、交叉和变异。在用遗传算法解决无功优化问题时，以编码空间代替参数空间，将问题中的每一个解看作是群体中的一个个体，将由目标函数确定的适应值看作环境来评价个体，这些解经过类比于生物遗传中的选择、杂交、基因突变，最后得到具有不同适应值的个体，根据适应值评价函数选择出适应值高的个体，淘汰适应值低的个体，不断迭代得到最可能逼近实际的最优解集，最终选择出适应值高的个体即优化问题本身的最优解。

离散优化问题是目前优化领域较难的内容之一，其显著特点是设计变量的离散性，通常表现为离散点集合或离散区间集的形式，使得解决连续优化问题的方法并不适用。目前对于离散优化问题，已有的研究思路大致如下：将离散优化问题看作连续优化问题，先采用连续优化的方法得到对应的连续最优解，再通过特定的方法将其转化成离散最优解。特定的方法主要有圆整法、拟离散法、离散型惩罚函数法、搜索型优化方法等。线性离散优化问题已经具有较为成熟的解决方法，但针对些非线性程度较高的离散优化问题仍缺乏有效通用的解决方法，无法在真正的离散空间中进行寻优。

6.3.2　改进离散型遗传算法

改进离散型遗传算法（Modified Discrete Genetic Algorithm，MDGA）是指针对泵类离散变量优化问题，结合遗传算法遗传算子的改进策略的一种自适应的离散型遗传算法。其主要思想是在基本遗传算法中采用二进制表示每个参数值在各参数取值范围中的位置，并在迭代过程中对交叉算子和变异算子进行自适应优化，从而提高算法的收敛速度和增强全局寻优能力。

改进后的离散型遗传算法的关键操作步骤主要包含五部分：对位置进行二进制编码，锦标赛选择策略，均匀双点交叉，精英保留策略和自适应遗传概率。

1. 对位置进行二进制编码

定义 D^M 为 n 维有界离散空间，M 用二维数组表示，如式（6-16）所示。

$$M = \{\{q_{11}, q_{12}, \cdots, q_{1l_1}\}, \{q_{21}, q_{22}, \cdots, q_{2l_2}\}, \cdots, \{q_{n1}, q_{n2}, \cdots, q_{nl_i}\}\}$$

$$(6\text{-}16)$$

式中，n 为离散变量数；l_i 为离散变量取值数，各离散变量取值数可以不相等。

在有界离散空间内通过试验设计方法生成含有 N 条染色体的初始种群，每条染色体均包含 n 个基因，每个基因对应该离散变量具体取值在其变量范围内的位置。如图 6-12 二进制编码原理所示，变量位置从 1 开始标记，并用二进制表示。例如，某一变量的离散取值集合为 $\{2, 1, 5, 6, 7, 4, 3, 9, 8\}$，根据二进制编码规则确定编码长度为 4，取值 1 在集合中的位置为 2，其对应的二值码串为 0010。遗传操作均是对二值码串表示的位置进行，以获得新一代染色体。

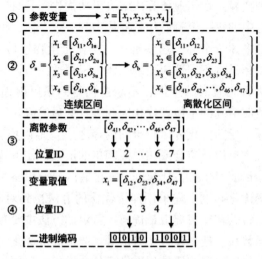

图 6-12　二进制编码原理

　　针对离散变量优化问题，最常见的方法是将离散优化问题转化为对应的连续优化问题。在此过程中，以连续最优解为基础离散化得到离散最优解，很可能离散最优解并不是真实最优解，以致最终优化结果有所偏差。对二值码串表示的位置进行遗传操作，则可以在实际的离散空间中寻优，获得真实的最优解，实现真正的离散型遗传算法。

2. 锦标赛选择策略

　　锦标赛选择（Tournament Selection）策略是指每次从上一代种群中选取出一定数量的染色体，选择其中最好的一条染色体进入子代种群。重复上述操作，直到新的子代种群规模达到原始种群的规模。具体的操作流程如下：

　　1）确定每次选择的染色体数量 t，采用小于初始种群数的随机数表示。

　　2）在由 t 条染色体组成的种群中按照适应度值大小进行排序，选择适应度值最优的染色体进入子代种群。

　　3）重复步骤 2）若干次，直到得到的染色体数量能够构成新的种群。

3. 均匀双点交叉

　　均匀双点交叉是指对父代和母代染色体进行交叉操作，从而获得子代染色体。首先在父代种群中随机挑选出父代和母代两条染色体进行配对，在已配对的两个个体中随机确定两个交叉点 X_1、X_2（$X_1 < X_2$），然后随机生成在区间 $[0, 2]$ 内的整数 a。当 a 为 0 时，两条染色体交叉点 X_1 的前段基因进行交叉；当 a 为 1 时，两条染色体 X_1、X_2 之间的基因进行交叉；当 a 为 2 时，两条染色体 X_2 的后段基因进行交叉。

　　采用均匀双点交叉，代替常用的单点交叉，每次交叉过程中交叉点的位置采用随机策略，能保证新一代种群染色体的多样性，提高算法的全局搜索能力。

4. 精英保留策略

　　精英保留策略是指将当前种群中的部分优秀染色体保留下来，用新的子代染色体替换其余的染色体，从而生成新的子代种群进入下一代。具体操作为：将当前种群中适应度值最差的 $N/10$ 条染色体全部替换成新的子代染色体。

　　精英保留策略真正体现出遗传算法的全局收敛特性，可以保留住每次迭代过程中最好的解，增加生成最优解的概率，减少迭代次数，提高算法的优化速度。

5. 自适应遗传概率

　　对于遗传算法，在运算前期执行恒定的交叉、变异概率，保证足够多的染色体进行遗传操作，保证种群的多样性，但是也会在一定程度上降低算法的收敛速度，在迭代一定次数后，采用自适应的遗传概率。根据常规自适应遗传算法的遗传概率[74,75]，确定适用于离散型遗传算法的具有自适应调节的交叉、变异概率计算方法，计算公式如下：

$$p_c = \begin{cases} c_1, & f_c \geqslant f_{avg} \\ c_1 \cdot \cos\left(\dfrac{f_{min}-f_c}{f_{min}-f_{avg}}\right), & f_c < f_{avg} \end{cases} \tag{6-17}$$

$$p_m = \begin{cases} m_1, & f_m \geqslant f_{avg} \\ m_1 \cdot \cos\left(\dfrac{f_{min}-f_m}{f_{min}-f_{avg}}\right), & f_m < f_{avg} \end{cases} \tag{6-18}$$

$$f_{avg} = \frac{\sum\limits_{i=1}^{N} f_i}{N} \tag{6-19}$$

式中，p_c、p_m 分别为自适应交叉、变异概率；c_1、m_1 分别为初始交叉、变异概率；f_c 为已配对要交叉的两条染色体中较小的适应度值；f_m 为要变异染色体的适应度值；f_{min} 为种群中的最小适应度值；f_{avg} 为种群平均适应度值，计算公式如式（6-19）所示；N 为种群大小；f_i 为每条染色体的适应度值。

6.3.3 算法流程及程序

如图 6-13 所示为改进离散型遗传算法流程。

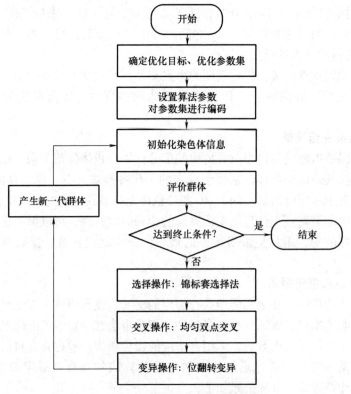

图 6-13 改进离散型遗传算法流程

采用 numpy、re、random 库实现改进离散型遗传算法，具体步骤如下。

第一步，初始化种群，通过函数 x_nvar 计算每个变量的个数（见图 6-14）。

通过函数 x_pre_deal 进行初始化种群处理（见图 6-15），将随机数种群处理为位置整数。

```
def cal_x_nvar(x):
  x_nvar = []
  for i in range(len(x)):
    x_i = len(x[i])
    x_nvar.append(x_i)
  return x_nvar
```

图 6-14　计算每个变量的个数

```
x_dec=np.floor(np.random.random(numpop,functiondim))*max(x_nvar))
x_dec = x_pre_deal(x_dec,x_nvar)
def x_pre_deal(x_dec,x_nvar):
  numpop = x_dec.shape[0]
  x_nvar = np.tile(np.array(x_nvar)-1,(numpop, 1))
  [row,col] = np.where(x_dec>x_nvar)
  x_dec[row, col] = np.random.randint(0,x_nvar[row,col])
  return x_dec.astype(int)
```

图 6-15　初始化种群处理

通过 encode 函数对种群进行二进制编码（见图 6-16）。

```
x_bin = encode(single_encode_length, x_dec)
single_encode_length = len(np.binary_repr(max(x_nvar)))
def encode(single_encode_length, x_dec):
  [numpop, functiondim] = x_dec.shape
  BinChromosome = []
  for i in np.arange(numpop):
    tempStr = ""
    for j in np.arange(functiondim):
      tempStr += np.binary_repr(x_dec[i, j], int(single_encode_length))
    BinChromosome.append(tempStr)
  return np.array(BinChromosome).reshape((numpop,1))
```

图 6-16　种群二进制编码

通过函数 index2var 获取对应的位置真实变量（见图 6-17），以便用于计算适应度值。

```
x_real = index2var(x,x_dec)
def index2var(x,x_dec):
  [numpop,dim] = np.shape(x_dec)
  x_real = np.zeros((numpop, dim))
  for i in range(dim):
    for j in range(numpop):
      x_real[j,i] = x[i][x_dec[j,i]]
  return x_real
```

图 6-17　获取对应的位置真实变量

第二步，评价群体，与引力搜索算法计算适应度方法一致。

第三步，确定精英保留策略（见图 6-18），采用 elite_strategy 函数实现精英保留比例。

```
def elite_strategy(numpop,crossoverratio = 0.85,elitismratio = 0.1):
    crossnum = round(numpop * crossoverratio)
    if crossnum / 2 != 0:
        crossnum = crossnum + 1
    elitenum = round(numpop * elitismratio)
    mutnum = numpop - crossnum - elitenum
    return int(elitenum),int(crossnum),int(mutnum)
```

图 6-18   确定精英保留策略

第四步，计算种群适应度（见图 6-19），函数定义为 get_fitness。

```
def get_fitness(f):
    fitness = (f - np.min(f)) + 1e-3
    return fitness
```

图 6-19   计算种群适应度

第五步，选择操作（见图 6-20），通过函数 select 进行选择操作。

```
def select(x_bin,elitenum, fitness):
    index = np.argsort(fitness, axis=0)
    elitechromosome = x_bin[index][:elitenum].reshape(elitenum,1)
    return  elitechromosome
```

图 6-20   选择操作

第六步，交叉操作（见图 6-21），通过函数 crossover 进行交叉操作。

```
def crossover(x_bin,crossnum,chromlength):
    numpop = x_bin.shape[0]
    ParentIndex = random.sample(np.arange(numpop).tolist(), crossnum)
    ParentIndex1 = ParentIndex[0:int(crossnum / 2)]
    ParentIndex2 = ParentIndex[int(crossnum / 2):]
    Parent1 = x_bin[ParentIndex1].reshape(int(crossnum / 2), 1)
    Parent2 = x_bin[ParentIndex2].reshape(int(crossnum / 2), 1)
    ExchangePeriod = np.sort(np.random.randint(0,int(chromlength),[int(crossnum / 2), 2]), axis=1)
    for i in range(int(crossnum / 2)):
        strOffSpring1 = str(Parent1[i][0])
        strOffSpring2 = str(Parent2[i][0])
        GenePeriod = strOffSpring1[ExchangePeriod[i, 0]:ExchangePeriod[i, 1]]
        new_str1 = strOffSpring1.replace(strOffSpring1[ExchangePeriod[i, 0]:ExchangePeriod[i, 1]],
                    strOffSpring2[ExchangePeriod[i, 0]:ExchangePeriod[i, 1]])
        new_str2 = strOffSpring2.replace(strOffSpring2[ExchangePeriod[i, 0]:ExchangePeriod[i, 1]], GenePeriod)
        Parent1[i][0] = new_str1
        Parent2[i][0] = new_str2
    crosschromosome = np.concatenate((Parent1,Parent2),axis=0)
    return crosschromosome
```

图 6-21   交叉操作

第七步，变异操作（见图 6-22），通过函数 mutation 实现变异操作。

```
def mutation(x_bin,mutnum,chromlength):
    chromlength = int(chromlength)
    numpop = x_bin.shape[0]
    mutindex = random.sample(np.arange(numpop).tolist(),mutnum)
    mut_select = x_bin[mutindex].reshape(mutnum,1)
    mutchromsome = []
    mut = np.zeros((mutnum,chromlength),dtype=int)
    for i in range(mutnum):
        for j in range(chromlength):
            strOffSpring = mut_select[i,0]
            mut[i,j] = strOffSpring[j]
    for i in range(mutnum):
        mutsingindex = random.sample(np.arange(chromlength).tolist(),random.randint(0,chromlength))
        mut[i,mutsingindex] = 1-mut[i,mutsingindex]+0
    for i in range(mutnum):
        strOffSpring = ''
        for j in range(chromlength):
            strOffSpring += str(mut[i,j])
        mutchromsome.append(strOffSpring)
        return np.array(mutchromsome).reshape(mutnum,1)
```

图 6-22　变异操作

第八步，解码操作（见图 6-23），通过函数 decode 对变异后的新中群进行解码。

```
def decode(single_encode_length,x_bin):
    PopSize = x_bin.shape[0]
    BinChromosome = x_bin.reshape(PopSize)
    VarSize = int(re.findall(r"\d+", str(BinChromosome.dtype))[0])
    assert np.mod(VarSize, single_encode_length) == 0
    DecChromosome = np.empty([PopSize, int(VarSize / single_encode_length)], dtype=int)
    for i in np.arange(PopSize):
        for j in np.arange(int(VarSize / single_encode_length)):
            DecChromosome[i, j] = int('0b' + BinChromosome[i]
            [j * single_encode_length: (j + 1) * single_encode_length], 2)
            return DecChromosome
```

图 6-23　解码操作

改进离散型遗传算法主程序 mdga 如图 6-24 所示，其主体迭代循环采用 while 函数实现。在调用算法主程序之前需设定基本参数，如函数 f_objective、设定的变量取值 x 列表、种群数 numpop，函数维度 functiondim 和最大迭代次数 numiter。

6.3.4　算法测试

基于表 6-5 中的 4 种经典数学测试函数（Ackley、BukinN.6、Drop-Wave、Griewank）特性，对比验证经典遗传算法和改进的离散型遗传算法性能，测试

```python
import numpy as np
import re
import random
def mdga(f_objective, x, numpop, functiondim, numiter):
    x_nvar = cal_x_nvar(x)
    single_encode_length = len(np.binary_repr(max(x_nvar)))
    x_dec = np.floor(np.random.random(numpop,functiondim))*max(x_nvar))
    x_dec = x_pre_deal(x_dec,x_nvar)
    x_bin = encode(single_encode_length, x_dec)
    chromlength = len(x_bin[0,0])
    x_real = index2var(x,x_dec)
    fbest = np.zeros((numiter, 1), dtype=np.float64)
    f = f_objective(x_real)
    fmin = np.min(f)
    fminindex = np.argmin(f)
    xgbest = np.multiply(np.ones([numpop, 1]), x_real[fminindex, :])
    fgbest = np.multiply(np.ones([numpop, 1]), fmin)
    j = 0
    fbest[j] = fgbest[0]
    elitenum,crossnum,mutnum = elite_strategy(numpop)
    while j < numiter - 1:
        j = j + 1
        fitness = get_fitness(f)
        elitechromosome = select(x_bin, elitenum,fitness)
        crosschromosome = crossover(x_bin,crossnum,chromlength)
        mutchromosome = mutation(x_bin,mutnum,chromlength)
        newpop= np.concatenate((elitechromosome,crosschromosome,mutchromosome),axis=0)
        x_dec = decode(single_encode_length, newpop)
        x_dec = x_pre_deal(x_dec, x_nvar)
        x_bin = encode(single_encode_length, x_dec)
        x_real = index2var(x, x_dec)
        f = f_objective(x_real)
        fmin = np.min(f)
        fminindex = np.argmin(f)
        if fmin < fgbest[0]:
            xgbest=np.ones((numpop,1),dtype=np.float64) * x_real[fminindex, :]
            fgbest = np.ones((numpop, 1), dtype=np.float64) * fmin
        fbest[j] = fgbest[0]
    return xgbest, fgbest, fbest
```

图 6-24   改进离散型遗传算法主程序

函数的具体设置，即具体的数学表达式、维数、可行域和全局最优值如表 6-6 所示。考虑到泵类离散变量优化问题中变量离散特性和计算资源有限，且泵的性能目标精度要求不高，重点考虑 MDGA 的算法稳定性和收敛速度。

表 6-5   经典数学测试函数特性

编号	函数名称	多维	多峰	凸性	可微分	2D 示意图
1	Ackley 函数	√			√	

（续）

编号	函数名称	多维	多峰	凸性	可微分	2D 示意图
2	BukinN.6 函数		√	√		
3	Drop-Wave 函数					
4	Griewank 函数	√				

　　具体地，MDGA 算法中的参数设置如表 6-6 所示，种群规模 $N=100$，最大迭代数 $n_{iter}=1000$，初始交叉概率 $c_1=0.85$，初始变异概率 $m_1=0.05$。每个测试函数在不同维数时分别独立运行 20 次，数量级为 4。

表 6-6　测试函数的具体设置

编号	函数公式	维数	可行域	全局最优值
1	$f(x)=-a\exp\left(-b\sqrt{\dfrac{1}{d}\sum_{i=1}^{d}x_i^2}\right)-\exp\left(\dfrac{1}{d}\sum_{i=1}^{d}\cos(cx_i)\right)+a+\exp(1)$	6	$[-32.768,2.768]$	0
2	$f(x)=100\sqrt{\|x_2-0.01x_1^2\|}+0.01\|x_1+10\|$	2	$x_1\in[-15,-5],$ $x_2\in[-3,3]$	0
3	$f(x)=-\dfrac{1+\cos\left(12\sqrt{x_1^2+x_2^2}\right)}{0.5(x_1^2+x_2^2)+2}$	2	$[-5.12,5.12]$	-1
4	$f(x)=\sum_{i=1}^{d}\dfrac{x_i^2}{4000}-\prod_{i=1}^{d}\cos\left(\dfrac{x_i}{\sqrt{i}}\right)+1$	6	$[-600,600]$	0

　　如表 6-7 和表 6-8 分别给出了 MDGA 和 GA 的实验结果。由表 6-7 可知，从收敛成功率来看，对每个测试函数，MDGA 均达到 100%，即 MDGA 都能找到全局最优值，而 GA 只有 Drop-Wave 函数收敛成功率达到 25%，其他 3 个测试函数在最大迭代数内并未准确找到理论最优值。如表 6-8 所示，在最大迭代次数为 1000 时，只有 Drop-Wave 函数在最高收敛精度为 10^{-8}，Ackley 和 Grie-

wank 函数最高收敛精度为 10^{-1}，Bukin N. 6 函数最高收敛精度为 10^{-4}。

表 6-7   不同遗传算法对测试函数的结果

编号	算法名称	收敛成功率	平均迭代次数	最小迭代次数	最大迭代次数	中位值	标准差
1	GA	0	—	—	—	—	—
	MDGA	100%	90.2	29	311	64.5	69.86
2	GA	0	—	—	—	—	—
	MDGA	100%	6.9	2	52	3	11.37
3	GA	25%	229	130	538	151	174.23
	MDGA	100%	7.45	2	42	4	9.65
4	GA	0	—	—	—	—	—
	MDGA	100%	72.35	23	129	73	32.76

表 6-8   MDGA 对测试函数达到不同收敛精度的结果

编号	标准	10^{-0}	10^{-1}	10^{-2}	10^{-3}	10^{-4}	10^{-5}	10^{-6}	10^{-7}	10^{-8}
1	平均迭代次数	48.75	425.89	—	—	—	—	—	—	—
	中位值	47.5	404	—	—	—	—	—	—	—
	标准差	13.6	210.93	—	—	—	—	—	—	—
2	平均迭代次数	51	366	534.27	424.5	702	—	—	—	—
	中位值	33.5	393	628	424.5	702	—	—	—	—
	标准差	36.25	193.37	204.86	83.5	0	—	—	—	—
3	平均迭代次数	2	2.8	18.45	26.95	54.3	112.8	271.65	296.92	229
	中位值	2	2	18	26	45	89.5	174.5	195.15	151
	标准差	0	1.08	6.28	7.41	27.14	78.22	266.11	267.15	155.84
4	平均迭代次数	17.35	543.67	—	—	—	—	—	—	—
	中位值	16.5	572	—	—	—	—	—	—	—
	标准差	3.94	143.8	—	—	—	—	—	—	—

6.4   近似模型

近似模型又称为代理模型，是一种包含试验设计和近似算法的数学建模方法。采用近似模型方法时通过建立响应值和输入变量间近似数学模型，获得输入输出之间的量化关系，减少耗时的仿真程序调用，提高优化效率对响应函数进行平滑处理，有利于更快地收敛到全局最优点。

6.4.1　试验设计方法

试验设计是一种实验方案设计和数据分析的数理统计方法[76]。试验设计的目的是以较少的试验次数、较短的试验周期和较低的试验成本，获得理想的试验结果以及科学的结论，确定影响目标的因子和目标间的对应关系。

pyDOE2 是一款实用的试验设计包。pyDOE2 能实现任意数量的变量创建设计方案，帮助研究人员开展因子设计、响应面设计和随机设计三种方法。因子设计方法中可采用一般全因子、两水平全因子和部分因子设计法。响应面设计可采用 Box-Behnken 和 Central Composite。随机设计方法可采用拉丁超立方方法。

1. 全因子设计（General Full-Factorial）

全因子试验设计是将全部因子的所有水平进行一一组合形成全部的试验设计方案。由于包含了所有的组合，全因子试验方案数量较多，可以估计出所有的主效应和交互效应。

在 python 中写调用 pyDOE2 包中的 fullfact 函数，levels 是一个整数数组，表示各因子的水平数，设计方案数为 $n_1 \times n_2 \cdots n_{m-1} \times n_m$，全因子试验设计程序具体代码如图 6-25 所示。

```
from pyDOE2 import fullfact
levels= [n₁, n₂...nₘ₋₁, nₘ]
Array= fullfact(levels)
```

图 6-25　全因子试验设计程序代码

三个变量的水平数分别为 2、3、2 时，全因子试验设计方案如表 6-9 所示，试验方案数量为 12。

表 6-9　全因子试验设计方案

方案	变量 1	变量 2	变量 3
1	0	0	0
2	1	0	0
3	0	1	0
4	1	1	0
5	0	2	0
6	1	2	0

（续）

方案	变量 1	变量 2	变量 3
7	0	0	1
8	1	0	1
9	0	1	1
10	1	1	1
11	0	2	1
12	1	2	1

2. 两水平全因子（2-Level Full-Factorial）

在 python 中写调用 pyDOE2 包中的 ff2n 函数，两水平全因子设计是全因子设计的一种方法，即每个因子有两个水平，总的试验方案数为 2^n，n 为因子数量。其程序如图 6-26 所示。

```
from pyDOE2 import ff2n
Array= ff2n(n)
```

图 6-26　两水平全因子试验设计程序

三变量两水平全因子试验设计方案如表 6-10 所示，试验方案数量为 8。

表 6-10　三变量两水平全因子试验设计方案

方案	变量 1	变量 2	变量 3
1	−1	−1	−1
2	1	−1	−1
3	−1	1	−1
4	1	1	−1
5	−1	−1	1
6	1	−1	1
7	−1	1	1
8	1	1	1

3. Plackett-Burman 部分因子设计

在 python 中写调用 pyDOE2 包中的 pbdesign 函数，Plackett-Burman 设计法

考虑因子的两种水平，它试图用最少试验次数，尽精确估计因素的主效果。

部分因子试验设计如表 6-11 所示，试验方案数量为 4。

表 6-11　部分因子试验设计

方案	变量 1	变量 2	变量 3
1	−1	−1	1
2	1	−1	−1
3	−1	1	−1
4	1	1	1

4. Box-Behnken 设计

Box-Behnken 是一种在试验空间边缘中点处的设置试验方案的设计方法，三因素的 Box-Behnken 设计示意如图 6-27 所示，要求至少有三个连续因子，可以高效估计一阶和二阶系数。因为 Box-Behnken 设计的设计方案数量较少，所以运行成本比具有相同数量因子的中心复合设计的运行成本低。

Box-Behnken 试验设计程序（见图 6-28）在 python 中写调用 pyDOE2 包中的 bbdesign 函数，其中 n 是因子的数量，center 是中心点的数量，对于数值模拟方案分析，可设置为 1。

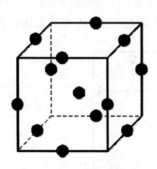

```
from pyDOE2 import bbdesign
Array= bbdesign(n, center)
```

图 6-27　三因素的　　　图 6-28　Box-Behnken 试验设计程序
Box-Behnken 设计示意

三变量 Box-Behnken 试验设计方案如表 6-12 所示，试验方案数量为 13。

表 6-12　三变量 Box-Behnken 试验设计方案

方案	变量 1	变量 2	变量 3
1	−1	−1	0
2	1	−1	0

（续）

方案	变量1	变量2	变量3
3	-1	1	0
4	1	1	0
5	-1	0	-1
6	1	0	-1
7	-1	0	1
8	1	0	1
9	0	-1	-1
10	0	1	-1
11	0	-1	1
12	0	1	1
13	0	0	0

5. 中心复合（Central Composite）**设计**

中心复合设计（见图6-29）是在两水平全因子和部分试验设计的基础上发展出来的一种试验设计方法。通过对两水平试验增加一个设计点（相当于增加了一个水平），从而可以对评价指标和因素间的非线性关系进行评估。

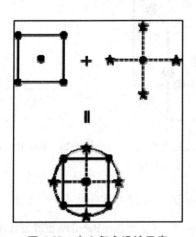

图6-29　中心复合设计示意

在python中写调用pyDOE2包中的ccdesign函数，n是因子的数量，center是中心点的2元组数量，alpha是"orthogonal"或"rotatable"。face有三种："circumscribed"、"inscribed"和"faced"（见图6-30）。中心复合设计程序代

码如图 6-31 所示。

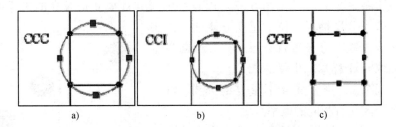

图 6-30　三种 face 下设计方案示意图

a) circumscribed　b) inscribed　c) faced

```
from pyDOE2 import ccdesign
Array= ccdesign(n, center, alpha, face)
```

图 6-31　中心复合设计程序代码

三变量中心复合设计试验设计方案如表 6-13 所示，试验方案数量为 15。

表 6-13　三变量中心复合设计试验设计方案

方案	变量 1	变量 2	变量 3
1	−1	−1	−1
2	1	−1	−1
3	−1	1	−1
4	1	1	−1
5	−1	−1	1
6	1	−1	1
7	−1	1	1
8	1	1	1
9	−1.68179	0	0
10	1.68179	0	0
11	0	−1.68179	0
12	0	1.68179	0
13	0	0	−1.68179
14	0	0	1.68179
15	0	0	0

6. 拉丁超立方（Latin-Hypercube）**设计**

拉丁超立方抽样（见图 6-32）以较小的采样规模获得较高的采样精度，核心步骤为分层抽样。拉丁超立方体抽样的关键是对输入概率分布进行分层。在 n 维向量空间里抽取 m 个样本，步骤是：

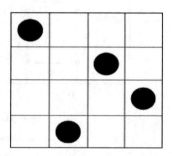

1）将每一维分成互不重复的 m 个区间，使得每个区间有相同的概率。

2）在每一维里的每个区间中随机抽取一个点。

3）将从每一维里随机选取的点，它们组成向量，形成一个设计方案。

图 6-32 拉丁超立方抽样示意

在 python 中写调用 pyDOE2 包中的 lhs 函数，其中 n 代表因子数，即维数，s 为拉丁方采样数。criterion 有 center、maximin、centermaximin 和 correlation 四种。为了获得较均匀的采样分布，可选择 center。random_state 为随机状态种子，若设置后每次产生采样结果均一样。最终，标准化的 s×n 数组设计出来，取值范围为 [0, 1]。拉丁超立方试验设计程序如图 6-33 所示。

```
from pyDOE2 import lhs
Array= lhs(n, samples=s, criterion=None, random_state=None)
```

图 6-33 拉丁超立方试验设计程序

采用拉丁超立方对三个变量设计 5 次试验方案，执行 lhs（3，5，criterion='center'，random_state=45），结果如表 6-14 所示。

表 6-14 三变量拉丁超立方试验设计

方案	变量 1	变量 2	变量 3
1	0.3	0.3	0.1
2	0.1	0.9	0.5
3	0.7	0.7	0.7
4	0.5	0.5	0.3
5	0.9	0.1	0.9

6.4.2 响应面模型

响应面模型[77]是利用 Box-Behnken 和 Central Composite 试验方法进行多方

案设计，采用 sklearn 库中的前处理模块的 PolynomialFeatures 函数建立因素与响应值之间的多元回归方程，包括一阶、二阶和三阶回归方程，通过对回归方程的全局寻优，获得最优参数组合，同时可分析各项参数对优化目标的影响程度。响应面模型表达式如表 6-15 所示。

表 6-15　响应面模型表达式

阶数	最少样本点数	数学公式
1	$n+1$	$y = a + \sum_{i=1}^{n} b_i x_i$
2	$(n+1)(n+2)/2$	$y = a + \sum_{i=1}^{n} b_i x_i + \sum_{ij(i<j)} c_{ij} x_i x_j + \sum_{i=1}^{n} d_i x_i^2$
3	$n(n^2-1)/6+(n+1)^2$	$y = a + \sum_{i=1}^{n} b_i x_i + \sum_{ij(i<j)} c_{ij} x_i x_j + \sum_{i=1}^{n} d_i x_i^2 + \sum_{i=1}^{n} e_i x_i^3 + \sum_{ijk} f_{ijk} x_i x_j x_k + \sum_{ij} g_{ij} x_i^2 x_j$

建立精确的响应面数学模型步骤如下文所述。

第一步，从 sklearn 库中引用数据预处理模块，利用 MinMaxScaler 函数将数据标准化，以提高拟合精度，即数据缩放至 [0，1]。按照每列（维度）去执行数据标准化，数据归一化预处理程序如图 6-34 所示。

```
min_max_scaler = preprocessing.MinMaxScaler(feature_range=(0,1))
to_optimized_data_min_max = min_max_scaler.fit_transform(to_optimized_data)
input_data = to_optimized_data_min_max[:, 0:functiondim]
output_data = to_optimized_data_min_max[:, functiondim]
```

图 6-34　数据归一化预处理程序

归一化数据公式为：

$$x_{std} = \frac{x - x_{min}}{x_{max} - x_{min}} \tag{6-20}$$

归一化数据还原真实值公式为：

$$x = x_{std} \times (x_{max} - x_{min}) + x_{min} \tag{6-21}$$

第二步，将待拟合数据分为训练组和测试组。采用 model_selection 模块中的 train_test_split 分离器函数，用于将数组分为输入变量训练组、输出变量训练组、输入变量测试组和输出变量测试组共四类，函数调用方法为：x_train，x_test，y_train，y_test＝train_test_split（train_data，train_target，test_size，random_state，shuffle）。函数中的 train_data 指样本输入数据；train_target 指待划分的对应样本数据的样本标签。test_size 分为①浮点数，在 0 ~ 1 之间，表示样本占比（test_size = 0.3，则样本数据中有 30% 的数据作为测试数据，记入 x_test，其余 70% 数据记入 x_train，同时适用于样本标签）；②整数，表示样本数据中有多少数据记入 x_test 中，其余数据记入 x_train。random_state 为随机数种子，种子不同，每次采的样本不一样；种子相同，采的样本不变。shuffle 为洗牌模式，shuffle = False 时，不打乱样本数据顺序；shuffle = True，打乱样本数据顺序。

第三步，采用前处理模块中的 PolynomialFeatures 函数构建多项式数学模型。PolynomialFeatures 有三个参数：degree 控制多项式的度；interaction_only 默认为 False，如果指定为 True，仅会产生交互特征项；include_bias 如果为 True 的话，会产生一个偏置列，即截距项。例如有 (x_1, x_2) 两个变量，在 interaction_only = False、include_bias = True 的情况下，degree = 2 时的二次多项式为 $[1\ x_1\ x_2\ x_1^2\ x_1x_2\ x_2^2]$，degree = 3 时的二次多项式为 $[1\ x_1\ x_2\ x_1^2\ x_1x_2\ x_2^2\ x_1^3\ x_1^2x_2$ $x_1x_2^2\ x_2^3]$。

第四步，从 sklearn 库调用 linear_model 模块中的 LinearRegression 函数进行多元线性回归建模。多项式回归是多元线性回归的一个特例，其本质也是求解多元线性回归方程。当 PolynomialFeatures 函数生成二次多项式矩阵时，线性回归方程为：

$$
(1\quad x_1\quad x_2\quad x_1^2\quad x_1x_2\quad x_2^2) \times \begin{pmatrix} a \\ b_1 \\ b_2 \\ d_1 \\ c_{12} \\ d_2 \end{pmatrix} = y \tag{6-22}
$$

最后调用 r2_score 函数分析响应面模型预测精度，$R^2 = 1$ 表示样本中预测值和真实值完全相等，响应面模型能完美拟合所有真实数据，是效果最好的模型。数据分组及响应面建模如图 6-35 所示。

$$
R^2 = 1 - \frac{\sum\limits_{i=1}^{n}(y_i - \hat{y})^2}{\sum\limits_{i=1}^{n}(y_i - \bar{y})^2} \tag{6-23}
$$

6.4.3　人工神经网络

人工神经网络数学模型（见图 6-36）由大量的神经元相互连接构成，每个神经元代表一种特定的输出函数，能构造出具有强非线性的近似数学模

```
x_train, x_test, y_train, y_test = sklearn.model_selection.train_test_split(input_data,
output_data, test_size=0.25, random_state=None, shuffle=True)
poly_reg =PolynomialFeatures(degree)
x_train_poly =poly_reg.fit_transform(x_train)
lin_reg=linear_model.LinearRegression()
lin_reg.fit(x_train_poly,y_train)
x_test_ploy=poly_reg.transform(x_test)
predict_results = lin_reg.predict(x_test_ploy)
r2_score_value = r2_score(y_test, predict_results)
print("模型R-Squared值: %.5f" % r2_score_value)
```

图 6-35　数据分组及响应面建模

型[78]。其数学模型包括输入层、隐藏层和输出层。调用 sklearn 库中的 neural_network 模块可建立人工神网络模型。

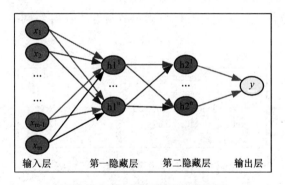

图 6-36　人工神经网络数学模型

创建人工神经网络模型的步骤如下文所述。

第一步，数据样本归一化处理方法和响应面模型数据归一化方法一样。

第二步，数据分类处理方法和响应面模型数据分类处理一样。

第三步，创建多层感知机，采用 neural_network 模块中的 MLPRegressor 函数，选择激活函数，隐藏层数及神经元数，L2 惩罚系数 alpha 等。'identity'为激活函数，无操作激活，用于实现线性，返回 $f(x)=x$；'logistic'为逻辑 sigmoid 函数，返回 $f(x)=1/(1+e^{-x})$；'tanh'为双曲 tan 函数，返回 $f(x)=\tanh(x)=(e^x-e^{-x})/(e^x+e^{-x})$；'relu'为修正后的线性单位函数，返回 $f(x)=\max(0,x)$。{'lbfgs','sgd','adam'} 为求解器，'lbfgs'是准牛顿方法的优化器。'sgd'指随机梯度下降。'adam'是基于随机梯度的优化器。就训练时间和验证分数而言，求解器'adam'在相对较大的数据集（具有数千个训练样本或更多）上运行良好。然而，对于少量数据样本，'lbfgs'可以更快地收敛并表现更好。函数调用方法为 mlp = MLPRegressor(solver = ' lbfgs ', hidden_layer_sizes = [i,j], activation = ' logistic ', alpha = 0. 0001, random_state = None, max_iter = 100000)。部分多层感知机程序如图 6-37 所示。

```
mlp = MLPRegressor(solver='lbfgs', hidden_layer_sizes=[i, j], activation='logistic',
alpha=0.0001, random_state=None, max_iter=100000)
mlp.fit(x_train,y_train)
predict_results = mlp.predict(x_test)
r2_score_value = r2_score(y_test, predict_results)
joblib.dump(mlp, "ann_test_best.pkl")
```

图 6-37   部分多层感知机程序

调用 r2_score 函数分析人工神经网络模型预测精度，调用 joblib. dump 函数保存人工神经网络模型。

通过 joblib 的 load 方法，加载保存的人工神经网络模型，并建立子函数，从而可通过智能优化算法对神经网格模型寻优，人工神经网络模型子函数程序如图 6-38 所示。

```
def self_ann(x,current_path):
    current_path=os.getcwd()
    clf=joblib.load(current_path+'\\ann_test_best.pkl')
    predict_y = clf.predict(x)
    return predict_y
```

图 6-38   人工神经网络模型子函数程序

需要注意的是，优化的参数组合及最优目标值是归一化处理的数据，需调用 inverse_transform 函数将归一化数据换算到真实值。

6.4.4   克里金模型

Kriging 模型是一种源于地质统计学的插值模型[79]，其思想由南非采矿工程师 Krige 于 1951 年首次提出，后由 Sacks 教授等于 1989 年进一步推广应用，在现代优化方法中已成为一种具有代表性的代理模型。其数学表达式为：

$$y = \sum_{i=1}^{k} \beta_i f_i(x) + Z(x) \tag{6-24}$$

式中，$f_i(x)$ 为回归模型的基函数；β_i 为回归系数；$Z(x)$ 为一静态随机过程，其均值为 0。

在协方差 $Cov[Z(x_i),Z(x_j)] = \sigma^2 R(x_i,x_j)$ 中，σ^2 为 $Z(x)$ 的方差，$R(x_i,x_j)$ 为 x_i 和 x_j 的相关函数。

创建克里金模型的步骤如下文所述。

第一步，数据样本归一化处理方法和响应面模型数据归一化方法一样。

第二步，数据分类处理方法和响应面模型数据分类处理一样。

第三步，采用 kriging 函数创建克里金模型，输入变量为拟合样本数据 x_train 和 y_train。

第四步，利用 train 函数训练 Kriging 模型的超参数 p 和 θ。超参数优化所用算法默认为粒子群算法 PSO，也可采用为遗传算法 GA。

第五步，采用 predict 函数对对新输入变量的输出值进行评估。

克里金模型程序如图 6-39 所示。此外，可以调用 snapshot 函数，查询相关过程参数，包括各维度的超参数 p 和 θ 等，均存储于字典 history 中。

```
import pyKriging
from pyKriging.krige import kriging
k = kriging(x_train, y_train)
k.train(optimizer='pso')
k.snapshot()
theta = k.history['theta']
p = k.history['p']
k.predict(x_pre)
```

图 6-39　克里金模型程序

6.4.5　径向基神经网络

径向基神经网络[80]与人工神经网络的区别是只有三层网络，包括输入层、隐藏层和输出层。从输入空间到隐层空间的变换是非线性的，而从隐层空间到输出层空间变换是线性的。隐藏层的激活函数是径向基函数（radial basis function），函数变量是输入向量和隐藏层中心点向量之间的距离。

下面将对径向基神经网络的 Python 编程步骤进行叙述。

第一步，数据样本归一化处理方法和人工神经网络数据归一化方法一样。

第二步，数据分类处理方法和人工神经网络数据分类处理一样。

第三步，构建径向基神经网络训练模型。给定隐藏层神经元个数，并在训练样本中随机选取输入变量作为隐藏层神经元中心点。建立输入层到隐藏层的非线性数学公式。根据输出层与隐藏层间的线性关系，可计算出权重，计算权重程序如图 6-40 所示。

第四步，径向基神经网络预测模型。基于确定的隐藏层神经元中心点及个数，建立测试输入层和隐藏层间的高斯函数映射表达式。根据第三步求解的权

```
samples=x_train.shape[0]
dim_variable=x_train.shape[1]
num_neurons=10
beta=2
center_num=np.random.choice(samples, num_neurons, replace=False)
center_point=x_train[center_num]
Gauss_tran=np.zeros((samples,num_neurons))
for i in np.arange(samples):
    for j in np.arange(num_neurons):
        center_points=center_point[j,:]
        Gauss_tran[i,j]=np.exp(-beta*np.linalg.norm(x_train[i,:]-center_points)**2)
# weight=np.random.rand(1,num_neurons)
    w=np.dot(np.linalg.pinv(Gauss_tran),y_train)
```

图 6-40   计算权重程序

重系数，可计算出预测值，计算预测值程序如图 6-41 所示。

```
samples_test=x_test.shape[0]
G_test=np.zeros((samples_test,num_neurons))
for i in np.arange(samples_test):
    for j in np.arange(num_neurons):
        center_points=center_point[j,:]
        G_test[i,j]=np.exp(-beta*np.linalg.norm(x_test[i,:]-center_points)**2)
predict_results=np.dot(G_test,w)
r2_score_value = r2_score(y_test, predict_results)
plt.scatter(y_test,predict_results)
plt.show()
print("模型R-Squared值： %.5f" % r2_score_value)
```

图 6-41   计算预测值程序

6.4.6   实例分析

1. 响应面模型案例

对 3 个因子采用拉丁超立方试验设计方法生成 15 组设计方案，如表 6-16 所示。组方案所示，最后一列为目标值。采用多项式 PolynomialFeatures 拟合函数，设置 degree 为 2，interaction_only = False，include_bias = True。那么二次项矩阵为 $(1 \quad x_1 \quad x_2 \quad x_3 \quad x_1^2 \quad x_1x_2 \quad x_1x_3 \quad x_2^2 \quad x_2x_3 \quad x_3^2)$。

表 6-16　15 组方案

方案	x_1	x_2	x_3	目标值
1	0.433	0.433	0.100	11.5021
2	0.033	0.233	0.300	7.08099
3	0.167	0.033	0.033	3.67775
4	0.967	0.367	0.700	32.9628
5	0.633	0.833	0.367	28.5741
6	0.700	0.100	0.567	18.1284
7	0.767	0.567	0.233	20.9008
8	0.300	0.167	0.767	19.033
9	0.900	0.900	0.900	54.5661
10	0.233	0.700	0.967	36.0451
11	0.100	0.767	0.167	14.6707
12	0.367	0.633	0.433	20.9094
13	0.567	0.300	0.500	18.7666
14	0.500	0.967	0.633	37.1981
15	0.833	0.500	0.833	38.2072

　　随机选取 80% 的数据作为训练样本，通过 LinearRegression 函数对输入变量和输出变量进行线性回归建模，利用剩余 20% 的数据样本测试响应面模型精度，如表 6-17 二阶响应面函数验证所示，可以看出预测值与测试值具有很好的一致性。调用 r2_score 函数分析响应面模型拟合精度，预测精度为 0.999。采用 lin_reg.coef_ 和 lin_reg.intercept_ 读取回归方程系数，系数为 $(-0.016\ \ 0.089\ \ 0.146\ \ 0.088\ \ 0.040\ \ 0.153\ \ 0.186\ \ 0.110\ \ 0.131\ \ 0.215)^T$。需要注意的是，响应面拟合公式是针对归一化后的输入和输出值。若需要对拟合公式进行全局寻优，输入变量的取值范围设置为 [0, 1]。调用 inverse_transform 函数可将归一化数据换算到真实值。

表 6-17　二阶响应面函数验证

序号	测试值 y	预测值 y
1	0.338448	0.342261
2	1	1.00306
3	0.636046	0.62436

2. 人工神经网络模型案例

对表 6-16 中的数据样本采用 MLPRegressor 函数进行人工神经网络数学建模，设定一个隐藏层，神经元数为 4，激活函数为'tanh'，求解器设置为'lbfgs'，惩罚系数 alpha 为 0.0001。

随机选取 80% 的数据作为训练样本，利用剩余 20% 的数据样本测试人工神经网络模型精度，如表 6-18 神经网络模型验证所示，可以看出预测值与测试值具有很好的一致性。调用 r2_score 函数分析神经网络模型拟合精度，预测精度为 0.988。采用 lin_reg. coef_ 和 lin_reg. intercept_ 读取回归方程系数，输入层到隐藏层的权重系数为

$$\begin{pmatrix} -0.246503 & 0.785518 & -0.490478 & -0.133684 \\ 0.459052 & 0.208627 & -0.571661 & -0.029527 \\ 0.593253 & -0.373815 & -0.587038 & 0.606876 \end{pmatrix},$$

截距值为 $\begin{pmatrix} 1.14699 \\ 0.29194 \\ 1.43092 \\ 0.47014 \end{pmatrix}$，隐藏层到输出层的权重系数为 $\begin{pmatrix} 0.136283 \\ -0.080474 \\ -0.994299 \\ 0.0475063 \end{pmatrix}$，截距值

为 0.786617。

表 6-18   神经网络模型验证

序号	测试值 y	预测值 y
1	0.636046	0.619142
2	0.338617	0.340501
3	0.0668766	0.106272

3. 克里金模型案例

对表 6-19 中各维度的超参数 p 和 θ 值中的数据样本采用 Kriging 模型进行拟合。前 12 组数据用于模型训练，后 3 组数据用于测试模型精度。超参数优化由粒子群算法完成。模型验证测试结果如表 6-20 所示，可以看出，测试值与预测值基本一致，克里金模型预测精度为 0.998。

表 6-19   各维度的超参数 p 和 θ 值

超参数	x_1	x_2	x_3
θ	0.03502667	0.04439328	0.10722163
p	2	2	2

表 6-20　　Kriging 模型验证测试结果

序号	测试值 y	预测值 y
1	18.7666	18.4825
2	37.1981	37.6076
3	38.2072	38.6881

4. 径向基神经网络模型案例

对表 6-16 中的数据样本采用径向基神经网格建立数学模型，设定隐藏层神经元数为 10，激活函数为高斯函数，随机选择的隐藏层中心点如表 6-21 所示。

表 6-21　　随机选择的隐藏层中心点

中心点	1 维方向数值	2 维方向数值	3 维方向数值
中心点 1	0.357143	0.642857	0.428571
中心点 2	1	0.357143	0.714285
中心点 3	0.928571	0.928571	0.928571
中心点 4	0.071429	0.785714	0.142857
中心点 5	0.285714	0.142857	0.785714
中心点 6	0.214285	0.714285	1
中心点 7	0.642857	0.857142	0.357143
中心点 8	0.142857	0	0
中心点 9	0	0.214285	0.285714
中心点 10	0.785714	0.571429	0.214285

利用剩余 20% 的数据样本测试径向基神经网络模型精度，如表 6-22 径向基神经网络模型验证所示，可以看出预测值与测试值具有很好的一致性。调用 r2_score 函数分析神经网络模型拟合精度，预测精度为 0.983。

表 6-22　　径向基神经网络模型验证

序号	测试值 y	预测值 y
1	0.153755	0.131712
2	0.283968	0.241242
3	0.658704	0.650848

6.5 水泵性能优化设计

6.5.1 泵优化设计思路

基于开源 Python 编程语言和图形化语言编程软件 LabVIEW 能够开发叶片泵的性能优化设计平台。应用 Python 语言编写数值软件调用参数化设计、数值计算、文件处理的 batch 文件（见图 6-42），集成了单点/多点设计以及试验设计、近似模型和智能算法三类优化方法（见图 6-43）。试验设计有因子设计、响应面设计和随机拉丁超立方三种方法。近似模型有响应面模型、克里金模型和人工神经网络模型三种[81]。智能优化算法有粒子群算法、离散遗传算法和引力搜索算法。采用 LabVIEW 软件搭建用户界面，建立了登录模块、优化方法选择模块和软件调用模块，设置优化设计参数，实现优化设计结果的可视化输出（见图 6-44～图 6-47）。核心是通过 LabVIEW 内置 Python 节点调用 Python 程序，执行数值计算及优化设计方法。

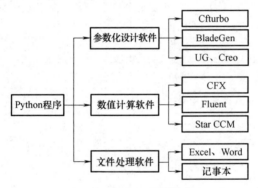

图 6-42 Python 调用软件

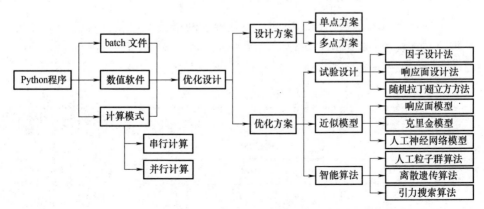

图 6-43 Python 编程思路

图 6-44　登录界面

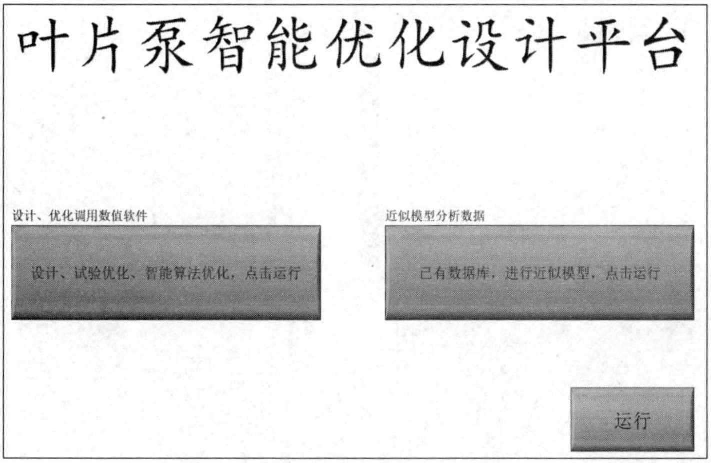

图 6-45　优化方法选择模块界面

在参数设置界面 1（见图 6-46a），需给定 ANSYS 软件的安装路径，CFX-Solver 计算方法为 intel MPI Local Parallel，并设定计算处理器核数。软件集成了设计和优化两个功能。通过调用数值仿真软件，可执行单/多个方案设计、试验设计和智能优化功能。选定优化方法可智能禁用不需要的输入值。设定算法参数时，如果选择拉丁超立方采样方法，只需输入所需样本数。当选择智能优化算法时，需设定迭代次数和种群数。在参数设置界面 2（见图 6-46b），可选择叶轮、导叶或者两者作为优化对象，并设置叶轮、导叶的参数化文件路径。如果同时优化叶轮和导叶，则需给定叶轮变量个数。在数值计算中，则监测了叶轮扬程、叶轮效率、泵扬程、泵效率、导叶（蜗壳）水力损失和泵功率。

针对近似模型优化单独设计出界面，如图 6-47 所示，原因是近似模型只需要数据样本库。软件默认采用改进的粒子群算法在全局范围内进行 20 次搜索，得到近似模型的最优值，给出最优的参数组合方案。

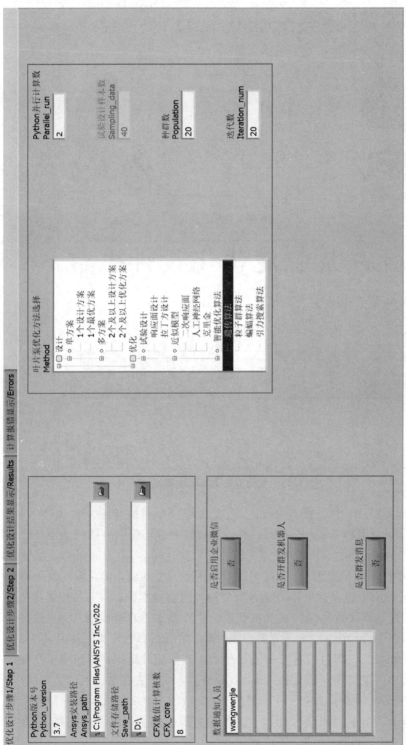

图 6-46　试验设计和智能优化算法模块界面

a) 参数设置界面 1

优化设计步骤1/Step 1 | 优化设计步骤2/Step 2 | 优化设计结果显示/Results | 计算报错显示/Errors

水力部件优化
Hydraulic_part
叶轮+导叶

叶轮参数个数
Num_impeller
4

监测点表头
Monitor_head
impellerefficiency,pumpefficiency,impellerhead,pumphead,volutehead,pumppower

优化目标表头
Objective_head
pumphead

叶轮参数优化文件路径
Impeller_path
D:\BaiduSyncdis...\0000_parameter_file\single_impeller.bgi

导叶参数优化文件路径
Diffuser_path
D:\BaiduSyncdis...\0000_parameter_file\single_diffuser.bgi

初始变量值
Ori_variable

| 27.9999890 | 37.5255980 | 30.2552730 | 24.9999820 | 17.0865180 | 19.6319390 | 22.9027240 | 24.7646110 |

上、下边界值(数字)
Boundary_upper_lower

| 35 | 45 | 30 | 35 | 30 | 25 | 22 | 25 | 30 | 30 | 30 | 30 |
| 22 | 30 | 22 | 15 | 22 | 15 | 15 | 20 | 30 | 30 | | |

设计方案变量值
Design_variable

27.9	37	25	30	17	19	22	24	30	30	0	0
0	0	0	0	0	0	0	0	0	0	0	0
0	0	0	0	0	0	0	0	0	0	0	0
0	0	0	0	0	0	0	0	0	0	0	0

确认优化设计参数无误后，点击运行

b)

图6-46 试验设计和智能优化算法模块界面（续）

b) 参数设置界面2

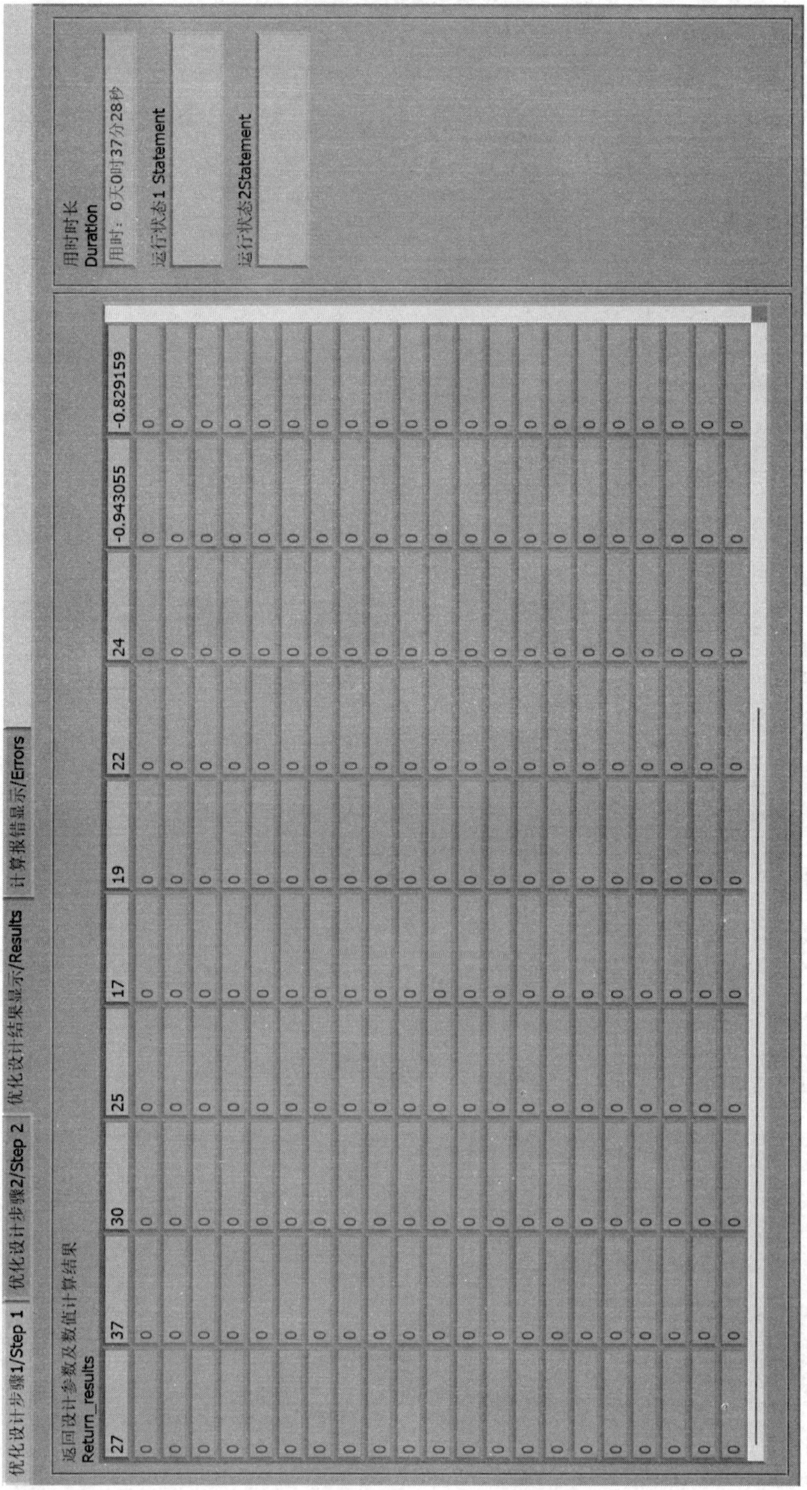

c)

图 6-46 试验设计和智能优化算法模块界面（续）

c）结果显示界面

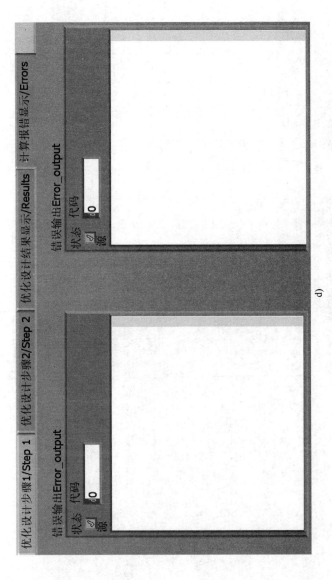

d)

图 6-46 试验设计和智能优化算法模块界面（续）

d）计算报错显示界面

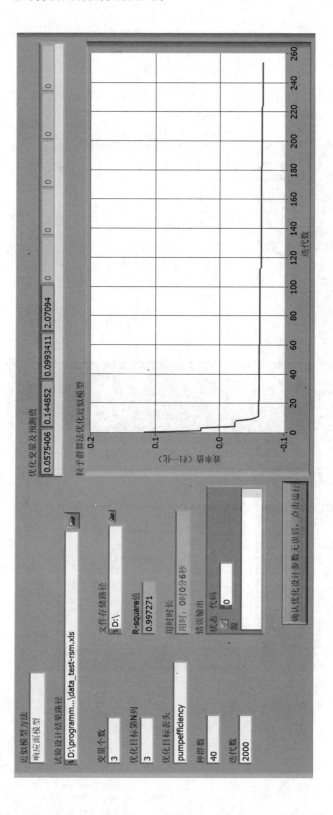

图 6-47 近似模型优化模块界面

6.5.2 LabVIEW 编写程序

1. 静态调用外部 VI 程序（见图 6-48）

该方法获取 VI 引用的方法是，在函数选板中，选择"编程""应用程序控制""静态 VI 引用"函数，在程序框图上双击该节点图标或在它的右键单击菜单中选择"浏览路径"，在弹出的路径中选择外部程序 VI 的路径，调用"属性节点"，依次获取外部程序的路径、打开前面板和运行程序（见图 6-48）。在图 6-44 的登录界面输入正确的账号和密码后，会弹出优化方法选择界面（见图 6-45）。接着，如果选择设计、试验设计和智能优化算法，则弹出图 6-46a 的界面。选择基于 CFX 的优化软件，则弹出图 6-46b 的界面。如果选择近似模型，则弹出图 6-47 的近似模型优化模块界面。

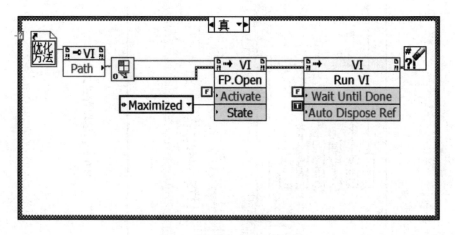

图 6-48 静态调用外部 VI 程序

2. 读取和写入配置文件程序

配置文件读写有极大提高软件使用效率，它可以对用户信息、关键参数进行存档，每次初始化运行时可以读取配置文件（见图 6-49）的上一次信息，同时也能在程序运行过程中保存配置设置信息。通过打开配置文件和读取键两个函数完成相关参数的读取。通过打开配置文件和写入键两个函数完成相关参数的写入配置文件（见图 6-50）。读取键和写入键可以分别对路径、整数、字符串、布尔和浮点数进行操作。由于写入配置文件时，系统中存在配置文件，采用顺序结构，先执行删除配置文件，再写入配置文件。如图 6-51 初始化 .ini 文件部分参数所示为部分界面输入参数的配置文件，包括节和键两部分。

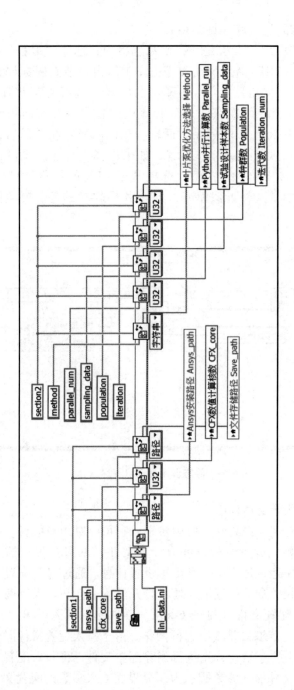

图 6-49　读取配置文件

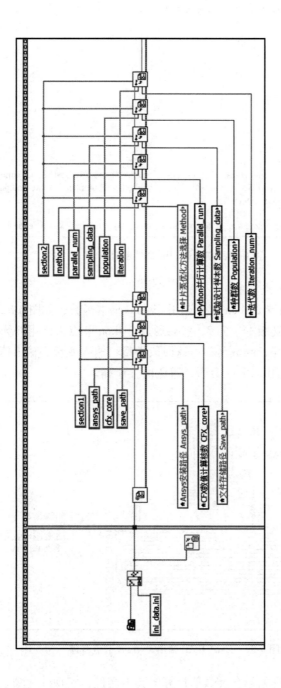

图 6-50　写入配置文件

```
[section1]
ansys_path = "/C/Program Files/ANSYS Inc/v202"
cfx_core = 8
save_path = "/D/"

[section2]
method = "遗传算法"
parallel_num = 20
sampling_data = 40
population = 20
iteration = 20

[section3]
hydraulic_part = 2
impeller_path = "/D/programme/design_optimization _pump/00_modified_txt/single_impeller.bgi"
monitor_head = "impellerefficiency,pumpefficiency,impellerhead,pumphead,volutehead,pumppower"
objective_head = " pumpefficiency "
number_impeller = 8
diffuser_path = "/D/programme/design_optimization _pump/00_modified_txt/single_diffuser.bgi"
```

图 6-51   初始化 . ini 文件部分参数

3. 调用 Python 节点程序

通过 LabVIEW 内置 Python 节点调用 Python 脚本函数，如图 6-52 所示。首先打开 Python，给定其版本号 3. 7，然后通过 Python 节点来调用 Python 脚本程序，给定脚本函数路径、函数名称、返回值类型、输入变量和输出值，最后调用关闭 Python 节点关闭 Python 会话，避免内存泄漏。

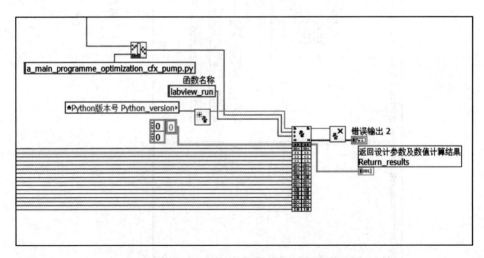

图 6-52   LabVIEW 调用 Python 节点程序

执行叶片建模、网格划分和数值计算的脚本文件，实现叶片泵三维设计和数值模拟的自动化运行，并实现了异常数值计算的自动关闭以及优化结果在联网条件下的传输。

6.5.3　Python 编写程序

1. 数据保存

保存数据到 excel 文件子函数如图 6-53 所示，引入 pandas 库，调用 DataFrame 和 to_csv 函数将数据写入 csv 文件，定义文件写入子函数，便于在完成优化设计的后对数据进行保存。

```python
import pandas as pd
def write_results_excel(x, results_file_path, columns_head):
    df=pd.DataFrame(x, columns=columns_head)
    df.to_csv(results_file_path)
```

图 6-53　保存数据到 excel 文件子函数

2. 数据异常处理子函数

关闭未响应的 WorkBench 程序如图 6-54 所示。为了避免计算方案三维结构扭曲、网格生成失败引起 WorkBench 软件长时间无响应的问题，通过 Python 的 Threading 函数判断 WorkBench 软件运行时长，若超出设定最大阈值，则自动结束任务运行，并自动将此次优化目标值设为无效。关闭 WorkBench 软件代码为 os. system（"taskkill /F /IM AnsysFW. exe"），软件设置时间阈值为 600s。

```python
class Dispacher(threading.Thread):
    def __init__(self, fun,args):
        threading.Thread.__init__(self)
        self.setDaemon(True)
        self.result = None
        self.error = None
        self.fun = fun
        self.args = args
        self.start()
    def run(self):
        try:
            self.result = self.fun(self.args)
        except:
            self.error = sys.exc_info()
def workbench_fun(filename_workbench_bat):
    os.system(filename_workbench_bat)
def run_workbench(filename_workbench_bat):
    c = Dispacher(workbench_fun, filename_workbench_bat)
    c.join(600)
    if c.isAlive():
        os.system("taskkill /F /IM AnsysFW.exe")
```

图 6-54　关闭未响应的 WorkBench 程序

3. 三维参数化文件子函数

三维参数化文件操作如图 6-55 所示。多方案设计、试验设计和智能优化算法会生成新的不同参数组合的过流部件，需对参数化文件中的设计变量进行搜索替换。在参数化文件中采用 variable000、variable001 等依次代表第 1 个设计变量、第 2 个设计变量等。通过对参数化文本进行读写、替换操作，完成新设计方案的几何变量替换。

```
fp_impeller_bgi=open(subpath_txt_modified+'\\'+'C_bladegen_impeller_basic.txt').readlines()
fp_new_impeller_bgi=open(filename_impeller_bgi,'w')
try:
    for eachline in fp_impeller_bgi:
        fp_new_impeller_bgi.write(eachline.replace('variable000','%.8f'%x[i,0]).replace('variable001','%.8f'%x[i,1])\
                            .replace('variable002','%.8f'%x[i,2]))
finally:
    fp_new_impeller_bgi.close()
```

图 6-55　三维参数化文件操作

4. 优化算法调用子函数

智能优化算法模块如图 6-56 所示。本书提供了改进的粒子群算法、引力搜索算法和离散遗传算法三种，通过算法子函数选取合适的优化方法，优化算法全局寻优化后返回全局最优的参数组合、最优值，以及迭代过程最优值。

```
def opt_algorithm(opt_algorithm, f_objective, numpop, dim, lb_array, ub_array, numiter, echo):
    if opt_algorithm=='PSO':
        from b_algorithm_pso import pso
        print ('PSO is choosed')
[xgbest,fgbest,fbest]=pso(f_objective,numpop,functiondim,lb_array,ub_array,numiter,echo)
    else:
        from b_algorithm_gsa import gsa
        print ('GSA is choosed')
[xgbest,fgbest,fbest]=gsa(f_objective,numpop,functiondim,lb_array,ub_array,numiter,echo)
    return [xgbest,fgbest,fbest]
```

图 6-56　智能优化算法模块

5. 软件安装路径程序

ANSYS 软件安装路径设置如图 6-57 所示。BladeGen、WorkBench、CFX 等软件的调用路径与 ANSYS 安装路径有关，只需定义 ANSYS 路径，通过字符串函数可生成相关软件路径。以 BladeGen 软件为例，如图 6-58 所示为调用 BladeGen 软件批处理命令文本，需要替换 BladeGen 的安装路径。BladeGen 软件 batch 文件修改程序如图 6-59 所示，通过对批处理文本进行读写、替换操作，并保存为后缀为 bat 格式的文件，可对过流部件参数化设计生成新方案。如表 6-23 所示为数值软件 batch 文件。

```
pathfile_bladegen  = ansys_path+'\\aisol\\BladeModeler\\BladeGen'
pathfile_workbench = ansys_path+'\\Framework\\bin\\Win64\\RunWB2.exe'
pathfile_cfxsolve   = ansys_path+'\\CFX\\bin\\cfx5solve.exe'
pathfile_cfxmondata = ansys_path+'\\CFX\\bin\\cfx5mondata.exe'
pathfile_cfxpost    = ansys_path+'\\CFX\\bin\\cfx5post.exe'
```

图 6-57　ANSYS 软件安装路径设置

```
set path=%path%;bladegen_set_path
BladeBatch filenamebgibatch filenamebgdbatch
```

图 6-58　BladeGen 软件 batch 文本

```
fp_bladegen01_bat=open(subpath_txt_basic+'\\'+bladegen_bat_base).readlines()
  fp_bladegen02_bat=open(bladegen_bat,'w')
  try:
     for eachline in fp_bladegen01_bat:
        fp_bladegen02_bat.write(eachline.replace('bladegen_set_path',pathfile_bladegen))
  finally:
     fp_bladegen02_bat.close()
```

图 6-59　BladeGen 软件 batch 文件修改程序

表 6-23　数值软件 batch 文件

软件	bat 命令
BladeGen 三维造型	set path=%path%; C:\Program Files\ANSYS Inc\version\aisol\BladeModeler\BladeGen BladeBatch filename. bgi filename. bgd
WorkBench 平台	"C:\Program Files\ANSYS Inc\version \Framework\bin\Win64\RunWB2. exe"-B-R filename. wbjn
CFX-Solver 求解器	"C:\Program Files\ANSYS Inc\version \CFX\bin\cfx5solve. exe"-batch-def filename. def-par-local-partition 4-fullname filenamerespath
监测点数据提取	"C:\Program Files\ANSYS Inc\version \CFX\bin\cfx5mondata. exe"-res filename. res-varrule "CATEGORY = USER POINT"-out filename. csv

6.5.4 叶片泵叶轮和导叶优化实例

1. 计算模型

带导叶离心泵是高扬程大功率泵站中的核心设备，在滇中引水工程、珠江三角洲水资源配置工程等重大水利工程中发挥着重要作用，能有效解决长距离高落差输水问题。本例所优化带导叶离心泵为单级单吸结构，设计流量 $Q_d = 920\text{m}^3/\text{h}$，扬程 $H = 21\text{m}$，转速 $n = 1250\text{r}/\text{min}$，比转速 $n_s = 235$。带导叶离心泵水体如图 6-60 所示。

2. 网格划分

采用网格划分软件 TurboGrid 对叶轮和导叶进行六面体网格划分；采用 ICEM 对蜗壳进行以六面体为核心的混合网格划分，并对

图 6-60　带导叶离心泵水体

隔舌等关键壁面进行加密处理，同时设置边界层网格以满足后续湍流模型对近壁网格的要求。计算域总网格节点数为 759.5 万，其中进水流道节点数为 38.6 万，叶轮节点数为 162.9 万，导叶节点数为 297.5 万，蜗壳及出水流道节点数共为 260.5 万。叶片壁面 y^+ 值小于 5，其余关键壁面平均 y^+ 小于 20，计算域部分网格如图 6-61 所示。

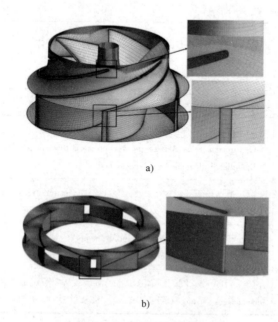

a)

b)

图 6-61　计算域部分网格

a) 叶轮网格　b) 导叶网格

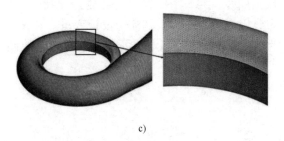

c)

图 6-61　计算域部分网格（续）

c）蜗壳网格

3. 数值计算及试验验证

选用 ANSYS CFX 软件对离心泵进行数值计算，采用标准 k-ε 湍流模型求解 N-S 方程。定常计算中，进口边界条件为总压进口 1 个大气压，出口边界条件为质量流量，动静域交界面坐标系变换采用 Frozen rotor 方法，计算域壁面采用无滑移网格函数，采用高阶求解精度，收敛残差 RMS 设置为 10^{-5}，计算迭代步数最大 400；非定常计算中，以定常计算结果作为初始值，边界条件设置不变，而动静域交界面坐标系变换改成 Transient frozen rotor 方法，计算周期 10 圈，叶轮旋转 3 度为 1 个时间步长，即 4×10^{-4} s，1 个时间步长计算迭代为 5 步。

在江苏航天水力设备有限公司试验台上对蜗壳泵进行性能测试以获得外特性曲线，性能测试与数值计算的外特性对比如图 6-62 所示。其中，数值计算所得外特性曲线基于非定常计算结果，取最后 3 圈的平均值。

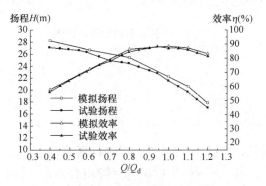

图 6-62　性能测试与数值计算的外特性对比

4. 优化方法

叶片型线是影响泵效率的主要因素。叶片安放角曲线控制示意图如图 6-63 所示，以离心泵设计工况最高效率为优化目标，以三阶贝塞尔曲线分别拟合叶轮和导叶叶片安放角曲线，共 8 个控制点（叶轮、导叶各 4 个），设各控制点沿 x 方向均匀分布，以各控制点的 y 坐标为设计变量。在图 6-63 中，a、b···h 为常数，y_1···y_8 为控制参数。根据叶轮和导叶设计经验，控制参数的取值范围如表 6-24 所示。

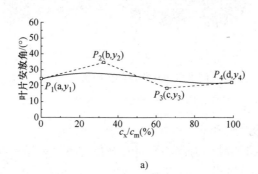

a)

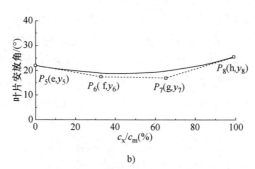

b)

图 6-63   叶片安放角曲线控制示意图

a）叶轮叶片安放角控制曲线   b）导叶叶片安放角控制曲线

表 6-24   控制参数的取值范围

控制参数	y_1	y_2	y_3	y_4	y_5	y_6	y_7	y_8
上界/(°)	35	45	35	30	22	25	25	28
下界/(°)	22	30	15	22	15	15	15	20

采用粒子群算法对叶轮和导叶的型线进行直接优化。设定粒子群算法的种群数和迭代数均为 20，共 400 个叶轮和导叶组合方案，其初始值由拉丁超立方试验设计方法得出。

优化流程是首先确定优化目标为最优效率，确定设计变量为叶片、导叶型线控制点 y 坐标值，并确定其范围；然后确定粒子群算法的种群数和迭代数，并采用拉丁超立方试验设计方法确定初始粒子群位置；接着进行算法智能迭代计算，通过自动优化平台自动调用 BladeGen、Turbogrid 及 CFX 对各方案进行定常数值计算以持续更新粒子位置，达到最大迭代数后迭代停止，优化过程结束。

5. 外特性对比

优化后，离心泵整体效率有了较大提升。对优化模型进行非定常数值计算，优化模型与原始模型在非定常计算中最后一圈的效率波动对比，如图 6-64 所示。可以看到，在设计工况下，优化模型效率明显高于原始模型，优化后模型效率为 91.56%，较原始模型提高 3.09%。优化后的效率波动范围与原始模型基本相当，其原因在于叶轮为旋转部件，导叶为固定部件，在优化过程中并未对二者的动静干涉作用加以限制，使效率波动范围未有缩小。

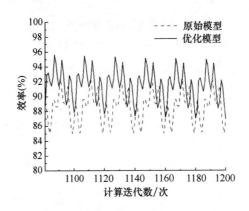

图 6-64　非定常计算最后一圈效率波动对比图

6. 几何形状对比

优化后的控制参数如表 6-25 所示，可与原始设计参数进行对比。其中 y_1、y_4、y_5、y_8 分别是叶轮、导叶的进、出口安放角，四个参数中除叶轮进口安放角大幅减少，其他 3 个参数均小幅降低，幅度在 0.5°左右，表明这 4 个参数中，叶轮进口安放角对性能影响最大。导叶的叶片安放角变化趋势较原始模型更为缓和，在三维模型中表现得更为直观。三维模型对比如图 6-65 叶轮和导叶三维模型对比图所示。可以看到，优化后的叶轮叶片与导叶叶片与优化前相比，叶轮叶片进口处弯曲程度增加，更符合流体实际运动轨迹。

表 6-25　优化前后参数对比

控制参数	y_1	y_2	y_3	y_4	y_5	y_6	y_7	y_8
原始/(°)	34	27	32.6	22.5	22.4	13.5	29.3	26
优化/(°)	24	34.5	18.6	22	22	17.6	17	25.5

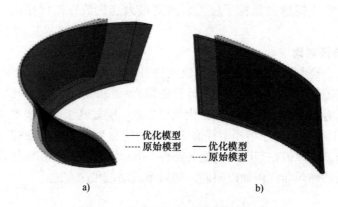

　　　　　a)　　　　　　　　　　　　　　　b)

图 6-65　叶轮和导叶三维模型对比图

a）叶轮叶片三维对比　　b）导叶叶片三维对比

第 7 章　水泵测试及选型编程

7.1　水泵外特性测试编程

7.1.1　水泵外特性测试方法

水泵的外特性参数有流量、扬程、功率、效率和空化余量[82]。通过调节管路系统中的阀门实现不同工况下外特性参数的测试，绘制出泵的性能曲线，包括流量-扬程曲线、流量-功率曲线、流量-效率曲线和空化特性曲线。通过测试泵性能可以验证泵优化设计是否满足要求。

流量的测量方法分为差压法和基于传感器的电测法。节流孔板流量计是基于伯努利方法测量两个测点压差计算流量。采用传感器测量的仪器有涡轮流量计、电磁流量计和超声波流量计等，通过建立流量和电信号的线性数学表达式，测量电压/电流信号计算流量。

扬程是水泵进口和出口的总压力差，通过压力变送器测量泵进口和出口的静压力。通过建立压力和电信号的线性数学表达式，测量电压或电流计算进出口压力。

功率测量分为电测法和扭矩法。电测法是测量机组运行的电流和电压，计算出总功率，由于电动机效率已知，可计算出泵的输入功率。扭矩法是通过在水泵电动机和泵之间安装扭矩仪，建立扭矩和电信号的线性数学表达式，测量电压或电流计算扭矩，计算泵的输入功率。

泵扬程的计算表达式如式（7-1）所示。

$$H = \frac{p_2 - p_1}{\rho g} + \frac{v_2^2 - v_1^2}{2g} + z_2 - z_1 \tag{7-1}$$

式中，$v_2 = \dfrac{4Q}{\pi D_2^2}$；$v_1 = \dfrac{4Q}{\pi D_1^2}$；$p_2 = p_{2,m} - \rho g h_2$；$p_1 = p_{1,m} - \rho g h_1$；$z_2$ 为泵出口测压孔高

度；z_1 为泵进口测压孔高度。

将进、出口压力传感器安装在同一水平位置，那么通过压力传感器测量得到的泵扬程计算表达式可以写成：

$$H = \frac{p_{2,m} - p_{1,m}}{\rho g} + \frac{v_2^2 - v_1^2}{2g} \tag{7-2}$$

泵功率的计算公式：

$$P = \frac{T \times n}{9550} \tag{7-3}$$

泵效率的计算公式：

$$\eta = \frac{\rho g Q H}{P} \tag{7-4}$$

7.1.2 水泵性能不确定度计算方法

测量值与真实值之差为不确定度，可分为绝对不确定度和相对不确定度[83]。不确定度的来源主要包括装置不确定度、方法不确定度、人员不确定度和环境不确定度等。

在试验中，不确定度可分为随机不确定度和系统不确定度。随机不确定度一般满足正态分布，具有统计学规律。

随机不确定度的计算方法：

$$E_R = \frac{t_{n-1} S_x}{\bar{x} \sqrt{n}} \times 100\% \tag{7-5}$$

式中，t 从 t 分布表（表7-1）中取值，一般选取 95% 置信区度，与试验次数 n 相关，如测试次数为 14 次，那么 t_{n-1} 为 2.16。

测试数据样本的标准差为：

$$S = \sqrt{\frac{\sum_{i=1}^{n} (x_i - \bar{x})^2}{n-1}} \tag{7-6}$$

表 7-1 t 分布表

n	1	2	3	4	5	6	7	8	9
t	12.71	4.30	3.18	2.78	2.57	2.45	2.37	2.31	2.26
n	10	11	12	13	14	15	16	17	18
t	2.23	2.20	2.18	2.16	2.15	2.13	2.12	2.11	2.09

泵效率的随机不确定度合成表达式为：

$$E_{\eta,R} = \sqrt{E_{Q,R}^2 + E_{H,R}^2 + E_{T,R}^2 + E_{n,R}^2} \tag{7-7}$$

式中，$E_{Q,R}$ 为流量测量的随机不确定度；$E_{H,R}$ 为扬程测量的随机不确定度；$E_{T,R}$ 为扭矩测量的随机不确定度；$E_{n,R}$ 为转速测量的随机不确定度。

系统不确定度主要是由于测量仪器本身的局限性决定，与测量人员读数无关。系统不确定度的合成表达式为：

$$E_{\eta,S} = \sqrt{E_{Q,S}^2 + E_{H,S}^2 + E_{T,S}^2 + E_{n,S}^2} \tag{7-8}$$

式中，$E_{Q,S}$ 为流量测量的系统不确定度；$E_{H,S}$ 为扬程测量的系统不确定度；$E_{T,S}$ 为扭矩测量的系统不确定度；$E_{n,S}$ 为转速测量的系统不确定度。

综合不确定度的合成表达式为：

$$E_{\eta} = \sqrt{E_{\eta,R}^2 + E_{\eta,S}^2} \tag{7-9}$$

7.1.3　混流泵性能测试装置

在江苏大学国家水泵及系统工程技术研究中心，搭建了混流泵的外特性测试开式试验台（见图 7-1），采用变频器控制电动机转速，采用电动阀控制机组流量，采用电磁流量计、压力传感器和扭矩仪分别测量水泵流量、进出口压力和扭矩。

图 7-1　混流泵的外特性测试开式试验台

7.1.4　泵性能测试程序

泵性能测试程序框架（见图 7-2）是三层 while 循环和顺序平铺结构，主要分为参数初始化、采集数据、保存数据、生成报表和保存参数设置 5 个部分。在采集数据部分，采用 DAQmx 程序获取流量传感器、压力传感器和扭矩仪输出的电信号数值，再通过物理量与电信号的线性关系计算得到流量、扬程、功率和效率。同时，给定电压输出信号控制电动阀门的开度，实现阀门的远程精准控制。泵性能测试前面板如图 7-3 所示。

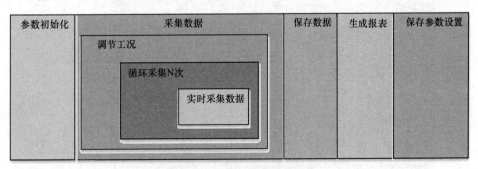

图 7-2　泵性能测试程序框架

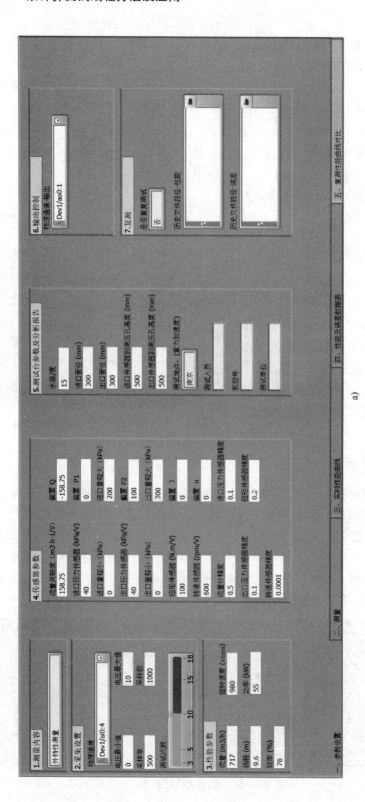

a)

图 7-3 泵性能测试前面板

a) 前面板-设置界面

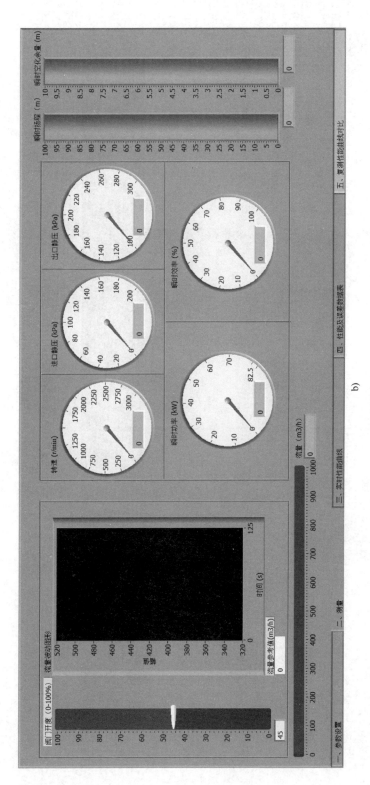

图 7-3　泵性能测试前面板（续）

b）前面板-测量界面

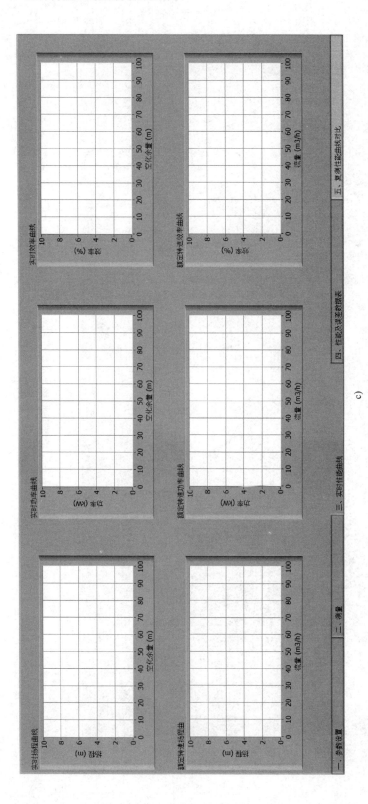

图 7-3　泵性能测试前面板（续）

c）前面板-性能曲线绘制界面

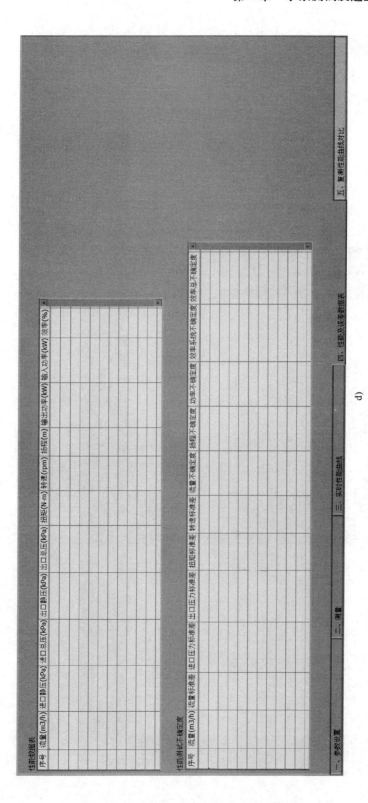

图 7-3　泵性能测试前面板（续）

d）前面板-性能数据表格界面

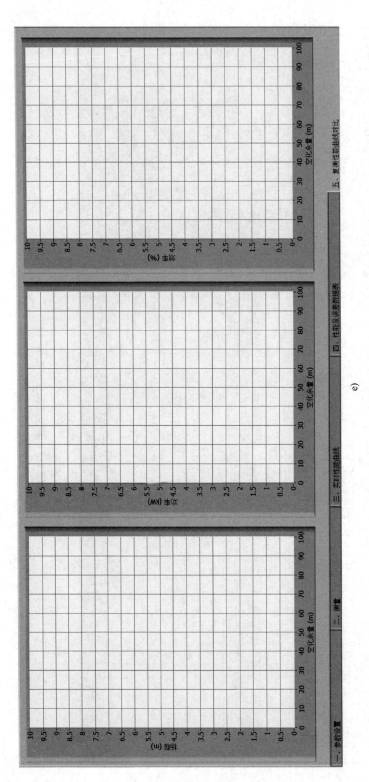

e)

图 7-3 泵性能测试前面板（续）

e) 前面板-性能数据复测界面

1. 程序输入参数初始化

导入历史输入参数值如图 7-4 所示。为了提高程序使用效率，每次运行软件时，软件的初始配置信息需要和上次退出时的配置信息保持相同，程序运行时会自动读取上一次设置的∗.ini 配置文件。调用位于函数选板"编程""文件 I/O""配置文件 VI"中配置文件的函数集，可以完成对配置文件的打开及关闭操作、键和段的读写及删除操作等功能。

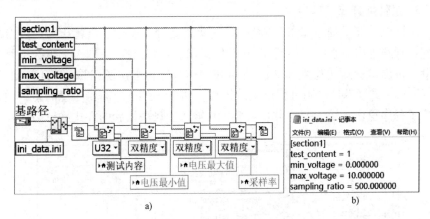

a)　　　　　　　　　　　　　　　　　　b)

图 7-4　导入历史输入参数值

a）程序框图　b）初始化文本

2. 电压信号输入与输出

电压信号输入与输出如图 7-5 所示。DAQmx-数据采集函数位于"测

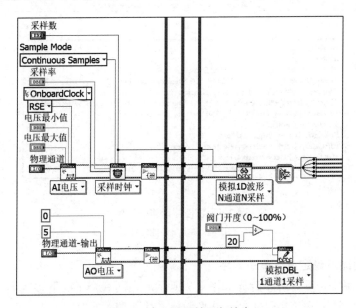

图 7-5　电压信号输入与输出

量 I/O"子选板中，依次调用 DAQmx 函数中的 DAQmx 创建通道（AI 电压）、DAQmx 定时、DAQmx 开始任务、DAQmx 读取（模拟 1D 波形 N 通道 N 采样），对流量传感器、进口静压传感器、出口静压传感器、扭矩传感器的电压信号进行采集。依次调用 DAQmx 函数中的 DAQmx 创建通道（AO 电压）、DAQmx 开始任务、DAQmx 写入（模拟 DBL1 通道 1 采样），对阀门开度进行控制，便于精确调节流量。

3. 泵性能计算子程序

泵性能计算子程序如图 7-6 所示。根据给定介质密度、汽化压力、重力加速度、管路进出口直径、传感器安装高度等试验台信息，在同一个工况下测量流量、进出口静压传感器压力、扭矩和转速，进行多次测量取平均值，通过式（7-1）~式（7-4），则可算出泵的扬程、功率和效率。需要注意的是，性能计算子程序里由于输入变量数量较多，将输入变量采用簇的方式进行写入。

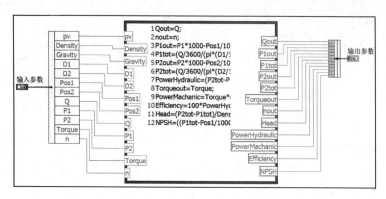

a)

```
Qout=Q;
nout=n;
P1out=P1*1000-Pos1/1000*Gravity*Density;
P1tot=(Q/3600/(pi*(D1/1000)**2/4))**2/2*Density+Pos1/1000*Gravity*Density+P1out;
P2out=P2*1000-Pos2/1000*Gravity*Density;
P2tot=(Q/3600/(pi*(D2/1000)**2/4))**2/2*Density+Pos2/1000*Gravity*Density+P2out;
PowerHydraulic=(P2tot-P1tot)*Q/3600;
Torqueout=Torque;
PowerMachanic=Torque*n*2*pi/60;
Efficiency=100*PowerHydraulic/PowerMachanic;
Head=(P2tot-P1tot)/Density/Gravity;
NPSH=((P1tot-Pos1/1000*Gravity*Density)-pv)/Density/Gravity;
```

b)

图 7-6　泵性能计算子程序

a）程序框图　b）性能计算公式

4. 性能不确定度计算子程序

性能不确定度计算子程序如图 7-7 所示。在同一个工况下多次测量泵的流量、扬程、转速和扭矩，通过计算平均值、标准差，通过式（7-7）~式（7-9），计算效率的随机不确定度、效率的系统不确定度和综合不确定度。

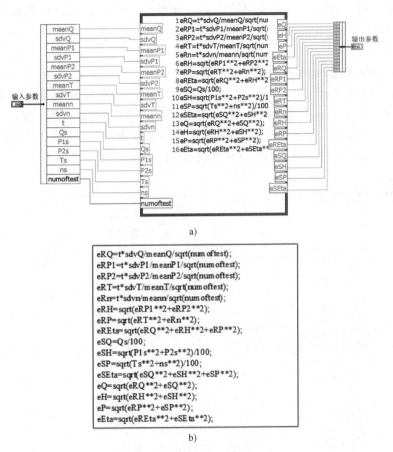

a)

```
eRQ=t*sdvQ/meanQ/sqrt(num oftest);
eRP1=t*sdvP1/meanP1/sqrt(num oftest);
eRP2=t*sdvP2/meanP2/sqrt(num oftest);
eRT=t*sdvT/meanT/sqrt(num oftest);
eRn=t*sdvn/meann/sqrt(num oftest);
eRH=sqrt(eRP1**2+eRP2**2);
eRP=sqrt(eRT**2+eRn**2);
eREta=sqrt(eRQ**2+eRH**2+eRP**2);
eSQ=Qs/100;
eSH=sqrt(P1s**2+P2s**2)/100;
eSP=sqrt(Ts**2+ns**2)/100;
eSEta=sqrt(eSQ**2+eSH**2+eSP**2);
eQ=sqrt(eRQ**2+eSQ**2);
eH=sqrt(eRH**2+eSH**2);
eP=sqrt(eRP**2+eSP**2);
eEta=sqrt(eREta**2+eSEta**2);
```

b)

图 7-7　性能不确定度计算子程序

a）程序框图　b）性能计算公式

5. 泵性能数据从小到大排序子程序

泵性能数据排序程序框图如图 7-8 所示。通常，在开展泵性能测试过程中，采用逐渐增加或者减小阀门开度两种方法，若在测试过程中需要对

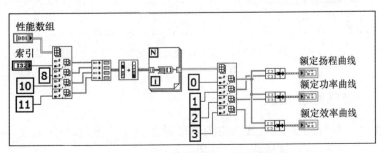

图 7-8　泵性能数据排序程序框图

泵性能的某些工况数据进行完善，会引起泵性能曲线绘制不连续，因此，有必要对测量的数据进行排序后，再绘制性能曲线。在程序中依次调用了索引数组、索引与捆绑簇数组、一维数组排序、簇至数组转换和索引数组函数。

6. 基于 Python 程序的泵性能报表程序

泵性能报表子程序如图 7-9 所示。调用位于函数选板"互连接口""Python"中 Python 的函数集，在子程序中调用 Python 会话程序，指定 Python 程序路径、函数名及版本号，在泵性能报表中添加型号、测试人员、测试单位等测试信息，同时将泵性能数据及不确定度写入报表中。

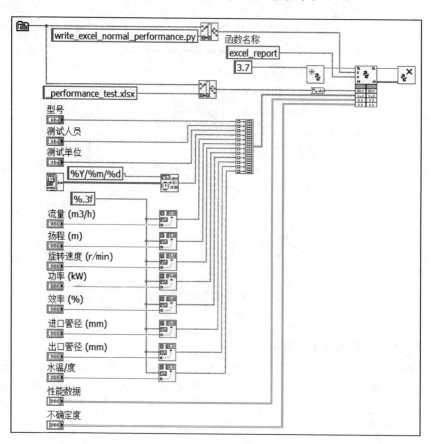

图 7-9　泵性能报表子程序

7.1.5　外特性数据报表

转速为 930r/min 的混流泵性能测试报表如图 7-10 所示。在报表中基于性能数据会自动生成泵的性能曲线。

图 7-10　混流泵性能测试报表

　　4 种不同转速下混流泵扬程曲线如图 7-11 所示，扬程曲线满足相似换算定律。图 7-12 所示为转速 n 为 830r/min 时扬程不确定度误差，在小流量和大流量工况时扬程不确定度误差较大，而在设计工况时扬程较为稳定。

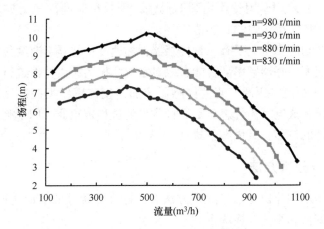

图 7-11　不同转速下混流泵扬程曲线

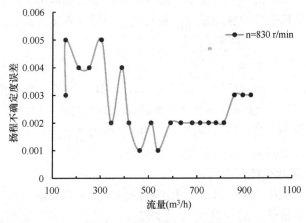

图 7-12　扬程不确定度误差

7.2 | 水泵压力脉动/振动测试编程

7.2.1 压力脉动/振动测试类型

旋转的叶轮和固定的导叶/蜗壳相互作用产生的动静干涉，会引发周期性压力脉动，当泵内部出现回流、旋转失速、空化等流动不稳定结构时，也会产生不同频率的压力脉动，机组振动的主要原因是压力脉动[71]。因此，测量机组的动态特性，有助于分析机组状态。

动态压力的测量传感器有两种：电阻式压力传感器和压电式压力传感器。电阻式压力传感器的供电方式是恒压 24V，主要用于测量低频压力脉动（相比于空化产生的高频压力脉动）。压电式压力传感器灵敏度极高，其供电方式是 2mA 恒流源，主要用于测量压力瞬时脉动，即单位时间内压力波动值，需要注意的是其无法测量压力的真实值。

泵机组振动的测量主要有三种传感器：加速度传感器、速度传感器和位移传感器。加速度传感器频率高，能有效对水力激振的频谱特性进行分析，其供电方式是 2mA 恒流电压源。速度传感器与加速度传感器类似，只是其响应频率较低。非接触式电涡流传感器是一种常见的位移传感器，用于测量轴的摆度或者静止部件的位移，其供电方式是−24V 恒压源。

7.2.2 信号分析方法

常用的稳态和非稳态信号处理方法有：标准差统计法、快速傅里叶变换、短时傅里叶变换和小波变换法[84]。

1. 标准差统计法

标准差统计法是借助于统计学中标准差的概念，选取 1 个周期或者多个周期内的信号，分析信号的脉动强度。常见的压力脉动强度计算表达式如下：

$$p_{sdv} = \sqrt{\frac{1}{n} \sum_{i=1}^{n} \left[p(x,y,z,i \times \Delta t) - \bar{p}(x,y,z) \right]^2} \qquad (7\text{-}10)$$

式中，$\bar{p}(x, y, z)$ 为平均压力；$p(x, y, z, i \times \Delta t)$ 为某一个周期内的瞬时压力；Δt 为压力采样时间间隔；n 为 1 周期或多个周期内采集到的压力信号个数。

这种方法仅考虑信号是周期性的，同时这种借助于这种方法还可以研究泵内部速度脉动强度和湍流脉动强度。

2. 快速傅里叶变换

根据傅里叶变换思想，可以认为所有的信号都可以分解成不同频率的正弦波。傅里叶变换将信号的时域特性转换成频域特性，研究信号的特征频率。

傅里叶变换的表达式如下：

$$F(\omega) = \int_{-\infty}^{+\infty} f(t) \times e^{-i\omega t} dt \tag{7-11}$$

周期性信号时域及频域如图 7-13 所示。以一个 4 个不同频率组成的正弦信号为例，其数学表达式为式（7-12），正弦信号的波形如图 7-13a 所示。通过快速傅里叶变换可知特征频率为 150Hz、50Hz、200Hz、100Hz（见图 7-13b）。

$$x(t) = \sin(2\pi \times 150t) + \sin(2\pi \times 50t) + \sin(2\pi \times 200t) + \sin(2\pi \times 100t) \tag{7-12}$$

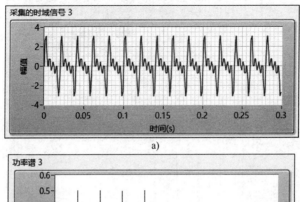

a)

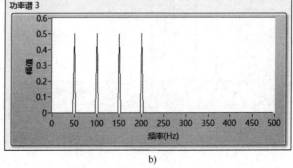

b)

图 7-13　周期性信号时域及频域

a）时域　b）频域

通过对周期性信号进行修改，得到非平稳信号 1 和信号 2，其数学表达式如式（7-13）和式（7-14）所示。

$$x(t) = \begin{cases} \sin(2\pi \times 50t) & 0 \leqslant t \leqslant 0.3 \\ \sin(2\pi \times 150t) & 0.3 \leqslant t \leqslant 0.6 \\ \sin(2\pi \times 100t) & 0.6 \leqslant t \leqslant 0.9 \\ \sin(2\pi \times 200t) & 0.9 \leqslant t \leqslant 1.2 \end{cases} \tag{7-13}$$

$$x(t) = \begin{cases} \sin(2\pi \times 150t) & 0 \leqslant t \leqslant 0.3 \\ \sin(2\pi \times 50t) & 0.3 \leqslant t \leqslant 0.6 \\ \sin(2\pi \times 200t) & 0.6 \leqslant t \leqslant 0.9 \\ \sin(2\pi \times 100t) & 0.9 \leqslant t \leqslant 1.2 \end{cases} \tag{7-14}$$

　　非平稳信号 1 和信号 2 的波形分别如图 7-14a 和图 7-15a 所示，相应的频谱如图 7-14b 和图 7-15b 所示。可以看出，非平稳信号的频谱图与周期性信号一致，但频谱上无法区分它们，因为它们包含 50Hz、100Hz、150Hz 和 200Hz 4 个特征频率，只是出现的先后顺序不同。可以看出，傅里叶变换法只能用于分析周期性信号。

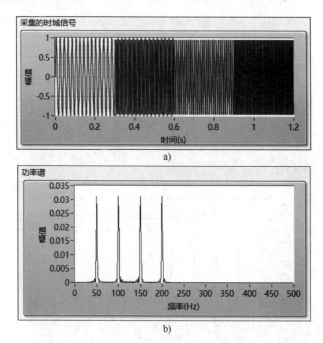

图 7-14　非平稳信号 1 时域及频域

a）时域　b）频域

3. 短时傅里叶变换

　　短时傅里叶变换的思路是将信号划分成短时间间隔的 N 段信号，引入滑移的窗函数，对每段信号进行傅里叶变换，以便确定在那个时间间隔存在的频率，这些频谱的总体就表示了频谱随时间变化特性。在短时傅里叶变换中，时间分辨率和频率分辨率是两个重要却对立的参数，决定了短时傅里叶变换的好坏。如果每段信号过长，即窗太宽，则频率分辨率高，而时间分辨率低；如果每段信号较短，则频率分辨率低，而时间分辨率高。

　　采用 Hanning 窗函数，选取窗函数长度分别为 64、128 和 512，如图 7-16 不同宽度的窗函数下时频图所示，可以明显看出窗函数宽度小时，可明显区分信号的特征频率的时间范围，即时间分辨率高，但频率呈现较宽分布，即频率分辨率低；而窗函数宽度较大时，可明显区分信号的特征频率的具体数值，即频率分辨率高，但在时间上存在交叉现象，即时间分辨率低。

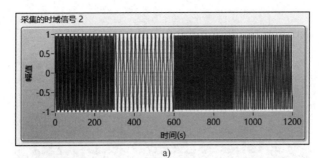

a)

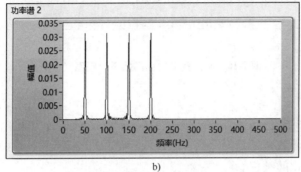

b)

图 7-15 非平稳信号 2 时域及频域

a）时域 b）频域

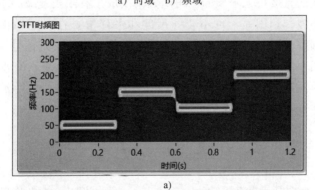

a)

b)

图 7-16 不同宽度的窗函数下时频图

a）$N=64$ b）$N=128$

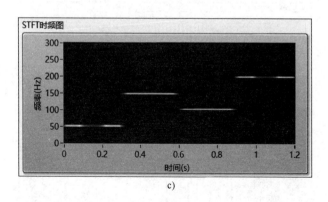

c)

图 7-16   不同宽度的窗函数下时频图（续）

c）$N = 512$

对于时变的非稳态信号，高频适合小窗口，低频适合大窗口。然而短时傅里叶变换的窗函数宽度是固定的，所以快速傅里叶变换还是无法精确地计算出非稳态信号变化的频率。

4. 小波变换法

小波变换法直接将无限长的三角函数基换成了有限长衰减的小波基，通常为复 Morlet 小波，利用一个母小波（尺度和平移量）在时间平移上与原信号相乘，如果频率相同，必然会得到一个较大的值，可以确定信号具有和当前母小波相同的频率成分，也能确定在时间上的位置。通过调整母波的尺度（频率的倒数），可获得信号在每个时间位置都包含的频率成分。小波分析的表达式为：

$$f(a,\tau) = \frac{1}{\sqrt{a}} \int_{-\infty}^{+\infty} f(t) \times \psi\left(\frac{t-\tau}{a}\right) \mathrm{d}t \tag{7-15}$$

式中，Morlet 小波基函数为 $\psi(t) = \mathrm{e}^{i\omega_0 t} \mathrm{e}^{-t^2/2}$；$a$ 为尺度；τ 为平移量。

从式（7-15）可以看出，不同于傅里叶变换，变量只有频率，小波变换有尺度 a 和平移量 τ 两个变量。尺度 a 表示小波函数的伸缩，平移量 τ 表示小波函数的平移。尺度对应频率（反比），平移量 τ 对应时间。

对非平稳信号 1 采用连续小波变换得到时频域，如图 7-17 所示。可以看出低频（50Hz、100Hz）具有较好的频率分辨率，而时间分辨率偏低，表现在特征频率出现及消失的时刻较为模糊。高频（150Hz、200Hz）有较好的时间分辨率，表现在特征频率出现及消失的时刻较为清晰，而频率分辨率偏低，表现在特征频率的范围较宽。

如图 7-18 所示为信号的时域、频域和时频域示意，可以看出，频谱图仅

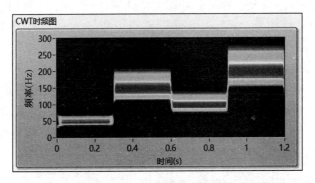

图 7-17　非平稳信号 1 的连续小波变换分析时频域

能反映信号的特征频率，短时傅里叶变换和小波变换法均能获取信号的特征频率在时间上的变化趋势。短时傅里叶变换法中仅有窗函数宽度一个变量，因而时间分辨率和频率分辨率是相互矛盾的。连续小波变换法中有尺度和平移量两个变量，具有多分辨率分析的优点，母小波窄，对应高频，适合小窗口，对应较高的时间分辨率；母小波宽，对应低频，适合大窗口，对应较高的频率分辨率。

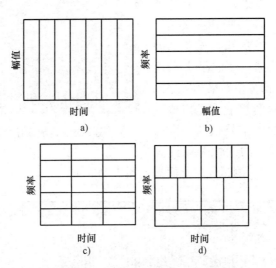

图 7-18　信号的时域、频域及时频域示意

a）时域　b）频域　c）STFT 的时频域　d）CWT 的时频域

7.2.3　信号采集条件

1. 采样频率

在信号采集中，需要设定采样频率。采校频率需满足奈奎斯特采样定

理，即采样频率必须大于等于信号最大特征频率的 2 倍，否则将出现发生混叠（相位/频率模糊）。在工程上采样频率可以加大到信号最高频率的 5 ~ 10 倍。

2. 采样点数

频谱分析中能区分的最小频率取决于采样点数，$df = f_s/n$，n 为 FFT 变换的点数，f_s 是 1s 采集的点数，频谱中只能显示出 kdf（$k = 0$、1、2…）频率坐标上的信号幅值。通过直接采集较长时间的数据，可保证频率分辨率小，减轻信号泄露情况，能更好地实现信号频域分析。

7.2.4　混流泵压力脉动测试装置

在混流泵外特性试验台的基础上，开展压力脉动测试（见图 7-19）。在泵进口、蜗壳壁面和出口共安装了三只动态压力传感器，分析泵内部压力脉动特性。

7.2.5　压力脉动测试程序

泵压力脉动测试程序框架（见图 7-20）是两层 while 循环和顺序平铺结构，主要分为参数初始化、采集数据、保存数据、生成报表和保存参数设置 5 个部分。在采集数据部分，采用 DAQmx 程序获取压阻式压力传感器输出的电信号数值，再通过物理量与电信号的线性关系计算

图 7-19　混流泵压力脉动测试

得到瞬态实时压力。测试程序前面板如图 7-21 所示。

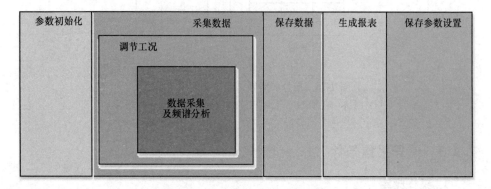

图 7-20　泵压力脉动测试程序框架

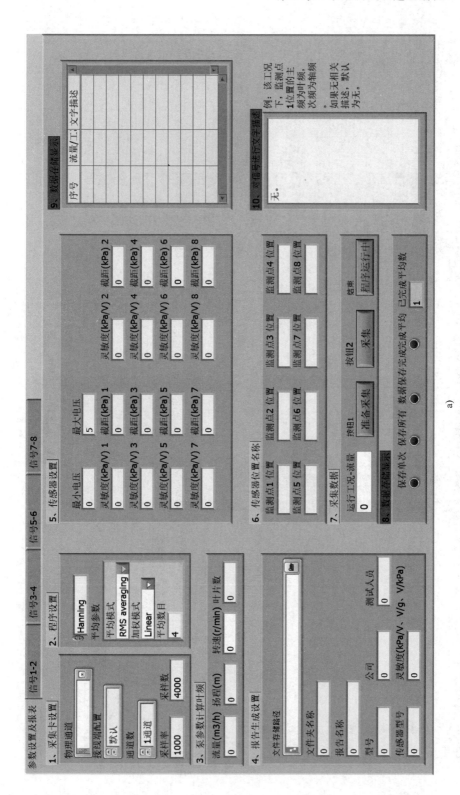

图 7-21　测试程序前面板

a) 参数设置界面

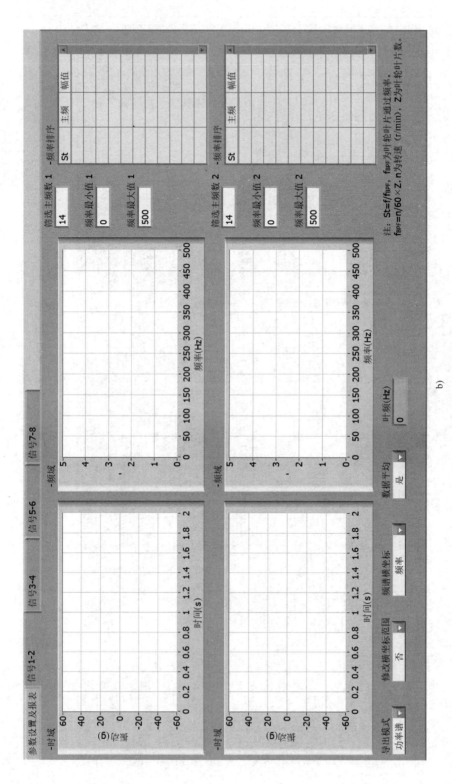

b)

图 7-21 测试程序前面板（续）

b) 信号分析界面

1. 压力脉动信号采集

压力脉动信号输入程序如图 7-22 所示。DAQmx-数据采集函数位于"测量 I/O"子选板中，依次调用 DAQmx 函数中的 DAQmx 创建通道（AI 电压）、DAQmx 定时、DAQmx 开始任务、DAQmx 读取（模拟 1D 波形 N 通道 N 采样），对动态压力传感器的电压信号进行采集。

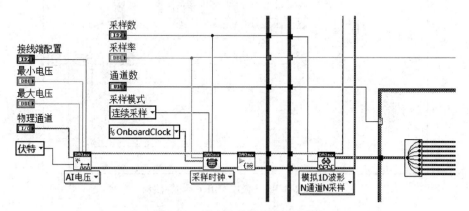

图 7-22　压力脉动信号输入程序

2. 压力脉动信号分析

压力脉动信号的频谱分析如图 7-23 所示。调用位于函数选板"信号处理" "波形调理"中滤波器函数，对滤波器设置为低通、高通等类型，对信号的高频部分、低频部分进行截止处理。在使用用函数时，需设置低截止频率值或高截止频率值。调用位于函数选板"编程""波形""模拟波形""波形测量"中 FFT 功率谱和 PSD 函数，对采集的信号进行频谱分析。在使用函数时，需设置导出模式为功率谱或功率谱密度。平均参数设置包括平均类型、

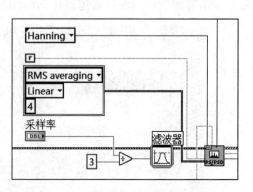

图 7-23　压力脉动信号的频谱分析

加权类型和平均次数。平均类型有线性平均法、均方根平均法和恒定最大值法三种。加权类型有线性加权和指数加权两种，即在每次频谱分析后对幅值赋予权重系数。平均次数即数据采集次数。对频谱分析进行平均，可以有效消除外界随机噪声对信号采集的影响。

3. 泵压力脉动特性报表生成程序

基于微软 Office 生成报表如图 7-24 所示，采用 LabVIEW 的报表生成工具

包将水泵压力脉动测试结果写入文档进行保存。依次调用位于函数选板"编程""报表生成"中创建报表、添加报表文本和添加报表图像和保存报表函数，在文档中保存程序中测试相关的文本信息、信号的时域和频域图片。

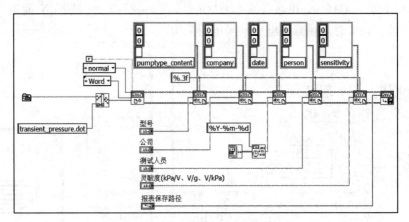

图 7-24　基于微软 Office 生成报表

7.2.6　压力脉动数据报表

混流泵在设计工况三个监测点的时域及频域图如图 7-25 压力脉动时域及频域显示界面所示。混流泵进口压力脉动的主频为叶频（转速为 980r/min 时，

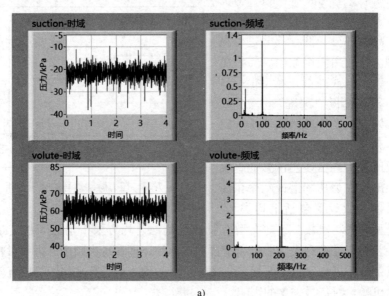

a)

图 7-25　压力脉动时域及频域显示界面

a）进口和蜗壳断面监测点

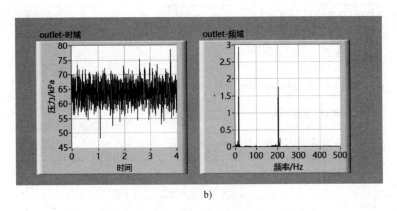

b)

图 7-25　压力脉动时域及频域显示界面（续）

b）蜗壳出口监测点

叶片数为 6，轴频为 16.3Hz）；混流泵蜗壳断面压力脉动的主频为 13 倍轴频；混流泵出口压力脉动的主频为轴频。

当测试结束后，自动生成泵压力脉动测试报告（见图 7-26），报告中主要的信息包括压力脉动时域、频域及主频排序表等。

测试分析报告

混流泵测试报告

测试单位：	江苏大学	测试时间：	2022-06-21
测试人员：		测试仪器：	
传感器灵敏度：	140 kPa/V	传感器型号：	HM90
采样率：	1000.000	采样数：	4000.000

a)

测试分析报告

目··录

b)

图 7-26　压力脉动测试报告

a）信息　b）目录

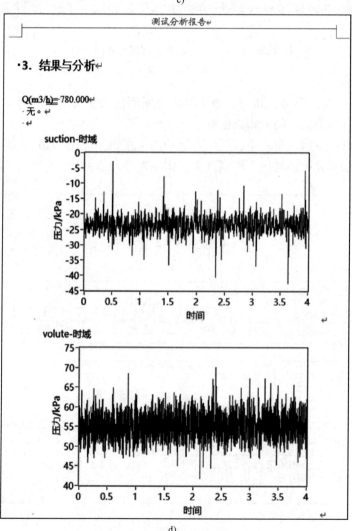

·2·泵及测试介绍

.2.1·泵

泵的设计流量 Q=720.000 m³/h，扬程 H=8.500 m，转速 n=980.000 r/min。

·2.2·测试介绍

本次测试内容为：Pressure fluctuation。

c)

测试分析报告

·3. 结果与分析

Q(m3/h)=780.000
·无。

suction-时域

volute-时域

d)

图 7-26　压力脉动测试报告（续）

c）泵参数　d）时域图

测试分析报告

outlet-频率排序

St	主频	幅值
0.0000	0.0000	3148.7457
0.0025	0.2499	1585.7207
0.1657	16.2427	2.2155
0.1632	15.9928	0.6443
0.1683	16.4926	0.4306
0.1963	19.2414	0.2264
2.0833	204.1585	0.1989
0.1938	18.9915	0.1442
2.0858	204.4084	0.1347
0.1147	11.2450	0.1271
0.1453	14.2436	0.1174
0.3289	32.2356	0.1122
0.1479	14.4935	0.0990
0.0561	5.4975	0.0928

(c) 主频

图 3 fig_pressure_Q(m3h)=780.000_n(rpm)=980_2022_06_21_2_12_51_39

e)

图 7-26 压力脉动测试报告（续）

e）主频排序表

7.3 基于五孔探针的三维速度测试编程

7.3.1 五孔探针测速原理

五孔探针可以测量流场的总压、静压以及速度大小和方向，是一种简单成熟的速度场测量手段[85]。在速度测量中，基于 UNITED SENSOR DA-125-12-F-10-CD 五孔探针采用半对向测量法进行速度测量，即旋转五孔探针一定角度，使其正迎向流体方向。五孔探针测量原理如图 7-27 所示，采用 5 只静压传感器测量探针的五孔压力，依据校准曲线，利用伯努利方程，求解三维速度，分别得到径向速度 v_r、轴向速度 v_u 和圆周速度 v_z，如式（7-18）、式（7-19）和式（7-20）所示。

$$v = \sqrt{\frac{2(p_1 - p_2)}{\rho}} \tag{7-16}$$

$$\alpha = f\left(\frac{p_4 - p_5}{p_1 - p_2}\right) \tag{7-17}$$

$$v_r = v\sin\alpha \tag{7-18}$$

$$v_u = v\cos\alpha\sin\beta \tag{7-19}$$

$$v_z = v\cos\alpha\cos\beta \tag{7-20}$$

式中，v 为速度；p_1、p_2、p_3、p_4、p_5 分别为孔 1、2、3、4、5 的压力；ρ 为水的密度；α 为俯仰角，$p_2 = p_3$，计算 $(p_4 - p_5)/(p_1 - p_2)$，查看五孔探针校准曲线（见图 7-28），得到俯仰角大小；β 为旋转探针得到的偏转角。

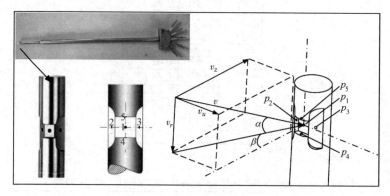

图 7-27   五孔探针测量原理

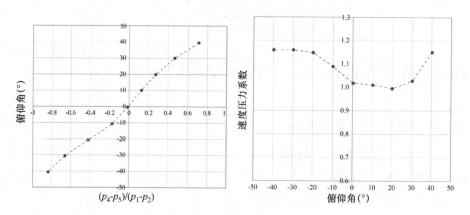

图 7-28   五孔探针校准曲线

　　根据以上公式及俯仰角曲线拟合公式，流场测量点的速度计算程序如图 7-29 基于压力测量的速度计算程序所示。

7.3.2   基于步进电动机的精确控制系统

　　五孔探针的精确控制系统硬件部分如图 7-30 所示。在 NI PXI-1042Q 主机上安装 PXI-7344 运动模块和 PXI-6254 多功能模块。其中 PXI-6254 模块用于采集压力传感器信号，PXI-7344 运动模块采集及接收 MID-7602 步进电动机驱动器的信号，并通过驱动器连接 MICOS VT-80 直线运动模块和 DT-80 旋转运动模

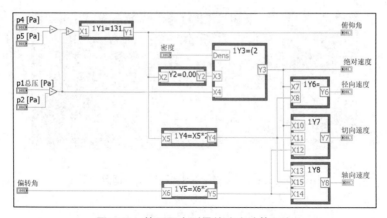

图 7-29　基于压力测量的速度计算程序

块。将五孔探针与旋转运动模块固定，从而通过步进电动机精确控制探针旋转及平移。

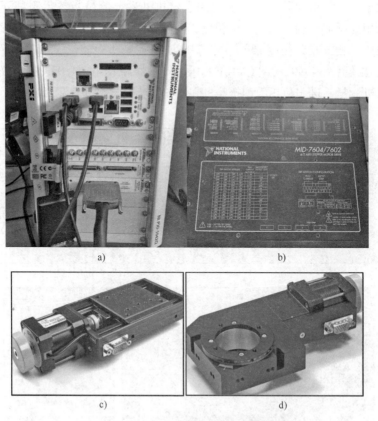

图 7-30　五孔探针的精确控制系统硬件部分

a) 1042Q 机箱　　b) MID-7602 步进电动机驱动器　　c) VT-80 直线运动模块

d) DT-80 旋转运动模块

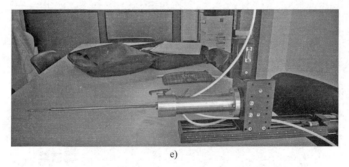

e)

图 7-30　五孔探针的精确控制系统硬件部分（续）

e）探针固定

7.3.3　混流式水轮机试验台

　　帕多瓦大学混流式水轮机试验台及采集设备如图 7-31 所示，在意大利帕多瓦大学工业工程学院搭建了混流式水轮机外性能测试、空化测试开式试验台。采用变频器控制电动发电机转速，采用大流量混流泵作为辅助装置为系统提供恒压（稳压罐，高度 13m）。采用电动阀控制机组流量。采用 MUT 2200-EL 电磁流量计、Keller PA（A)-33X 压力传感器和 Kistler 4503A 扭矩仪分别测量水轮机流量、进出口压力和扭矩。在水轮机出口安装手动锥型阀门，调节出口压力，可进行空化性能测试。

a)　　　　　　　　　　　　　b)

c)　　　　　　　　　　　　　d)

图 7-31　帕多瓦大学混流式水轮机试验台及采集设备

a）试验台　b）水轮机机组　c）增压泵　d）稳压罐

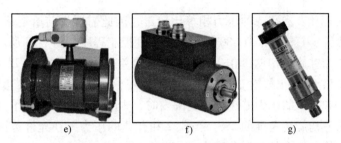

图 7-31　帕多瓦大学混流式水轮机试验台及采集设备（续）

e）电磁流量计　f）扭矩仪　g）压力传感器

7.3.4　三维速度测量编程

通过安装 Motion 驱动，从而在 LabVIEW 软件中可调用运动模块编程控制，从而驱动步进电动机实现直线和旋转运动，将五孔探针与步进电动机的驱动平台固定。一方面通过控制 VT-80 直线运动平台，实现五孔探针在尾水管某截面的直径方向平移；另一方面采集五孔探针的压力分布，通过判断孔 2 和孔 3 的压力，反馈于控制步进电动机的 DT-80 旋转平台，顺时针/逆时针旋转五孔探针，确保二者压力相等，从而实现流体速度的自动高精度测量。五孔探针旋转示意如图 7-32 所示。

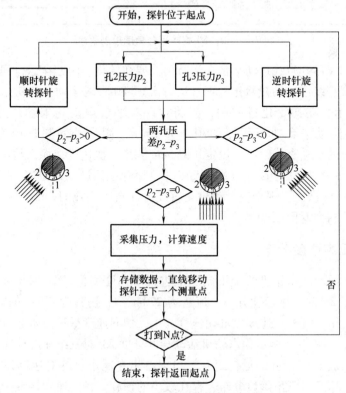

图 7-32　五孔探针旋转示意

完全实现孔 2 和孔 3 的压力相等比较难，因此需要提前给定压力差余量，否则五孔探针一直旋转。DT-80 旋转平台角度控制程序如图 7-33 所示，程序编写的思路是探针旋转初期，孔 2 和孔 3 的压力差得较多，则给定 DT-80 旋转平台较大的旋转角度（相对于上一次角度），正值为逆时针旋转，反之为顺时针。当孔 2 和孔 3 的压力差在较小范围内时，则降低 DT-80 旋转平台较大的旋转角度，为最初旋转角度的 2%。当孔 2 和孔 3 的压力差在允许范围内时，则给定 DT-80 旋转平台的旋转角度为 0。

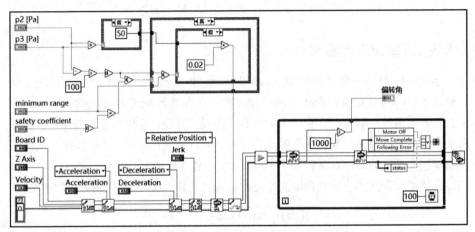

图 7-33　DT-80 旋转平台角度控制程序

考虑到 VT-80 直线运动平台在运行前需要初始化，因此在运行程序时采用状态机实现直线运行的初始化和正常运行。VT-80 直线运动平台初始化程序如图 7-34 所示，在初始化过程中，先将 VT-80 平台运动到末端，再初始化。VT-80 直线运动平台执行程序如图 7-35 所示。测量处的圆直径为 219mm，即五孔探针的运动直线距离，设定每隔 5cm 测量一次速度，那么给定 VT-80 直线运动平台一个绝对位置（末端位置为 0，探针往回运动，位置为负），总的测试次数为 44 次。实现步进电动机在直线方向自动完成间隔 5cm 的运动，测量完毕时，精准返回原点。

7.3.5　三维速度分布

选取了混流式水轮机两个不同工况进行了速度测量，图 7-36 所示为水轮机导叶开度 28°时三维速度分布，流量为 270m³/h、扬程为 7.7m 的运行工况，可以看出在尾水管绝对速度以轴向速度为主，切向速度呈三角函数分布，存在较小的预旋。图 7-37 所示为水轮机活动导叶开度 23°时三维速度分布，流量为 255m³/h，扬程为 9.6m 的运行工况，可以看出在尾水管绝对速度以轴向速度为主，切向速度呈三角函数分布，存在较小的预旋，径向速度接近于 0。

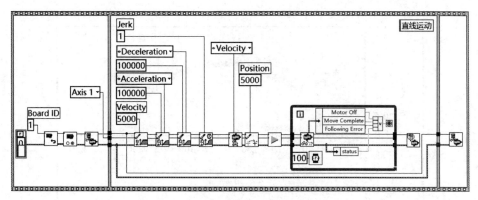

图 7-34　VT-80 直线运动平台初始化程序

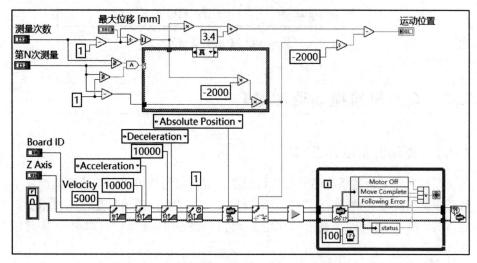

图 7-35　VT-80 直线运动平台执行程序

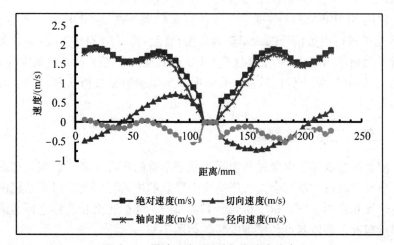

图 7-36　导叶开度 28°时三维速度分布

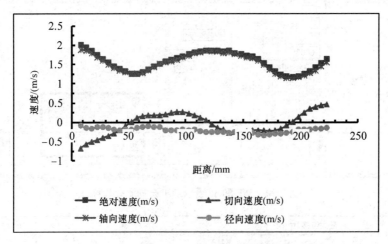

图 7-37   导叶开度 23°时三维速度分布

7.4 | 泵站机组振动监测编程

7.4.1   振动监测设计思路

泵站机组是泵站系统的核心机械设备，提高泵站机组的运行状态监测水平对于泵站系统的安全稳定运行具有重要意义。振动和摆度信号是泵站机组稳定运行的重要衡量指标，通过对机组振动信号的获取与分析可以判断其健康状态。

开发了一套集数据采集、分析、报表、状态推送、故障预警为一体的振动监测系统。系统硬件由数据采集装置、振动传感器和上位机平台组成。数据采集装置选用 NI PCle-6343 数据采集卡，其采样频率高达 500KS/s，提供 32 路 AI 输入通道进行模拟信号的采集输入；振动传感器采用 ZHJ-2G 压电式加速度传感器（灵敏度为 100mv/g）和 CWY-DO 电涡流位移传感器（灵敏度为 8±2% mv/μm），LabVIEW 上位机软件平台对所采集振动数据进行实时显示、分析处理、报表打印等。

7.4.2   泵机组振动监测点

监测点的选取是获取泵站机组运行状态信息的核心环节。监测点选取的合理性、准确性以及数量，会直接影响整个系统的决策可信度。对泵站机组的叶轮壳体、导叶壳体、电动机上机架和联轴器的振动加速度和位移进行监测，现场监测点布置，即监测点传感器安装，如图 7-38 所示。

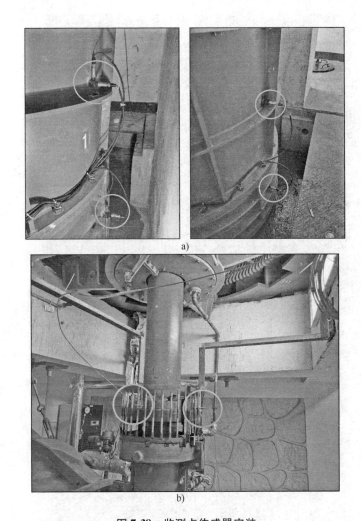

图 7-38　监测点传感器安装

a）叶轮和导叶壳体加速度传感器　b）联轴器振动位移传感器

7.4.3　泵机组振动监测程序

　　泵站机组监测界面如图 7-39 所示。系统软件设计基于模块化设计思想进行开发，总体采用"生产者-消费者"模型作为程序设计的主体结构。它将多个并行循环分为生产数据和消费数据的两类循环，循环间采用队列的方式进行通信。"生产者"循环主要通过设定数据采集卡的相关参数实现泵站机组运行状态数据的采集，并将采集数据进行队列缓存。"消费者"循环通过出队操作获取队列缓存数据进行相关分析处理，包括用户登录、泵站机组振动三维显示、故障预警、振动信号频域分析、生成报表、状态推送等。

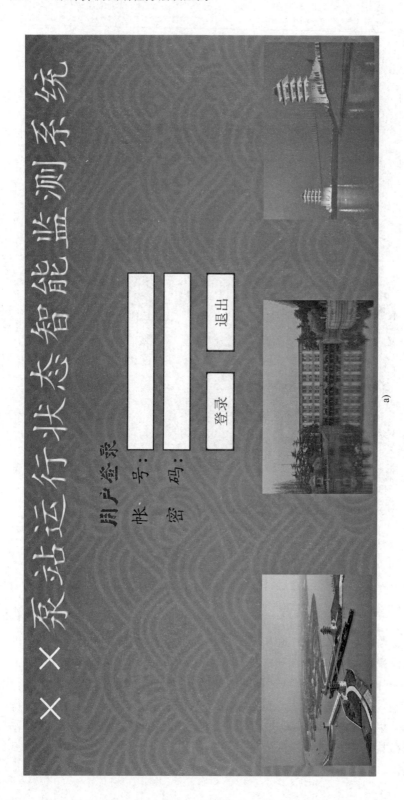

图 7-39　泵站机组监测界面
a）振动监测登录界面

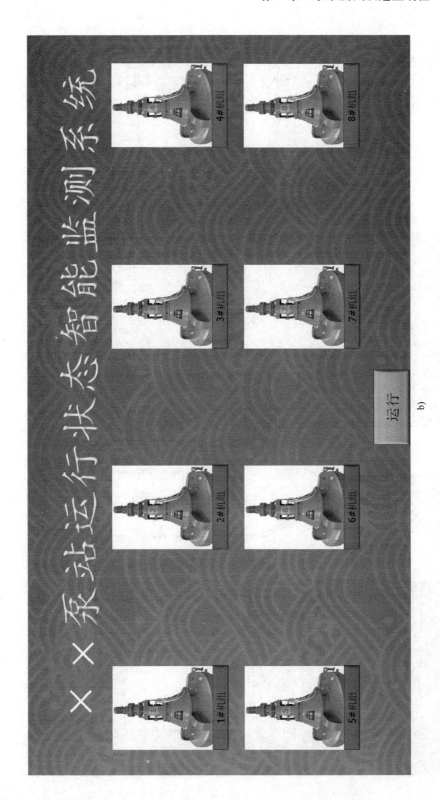

图 7-39　泵站机组监测界面（续）

b）监测泵站选取界面

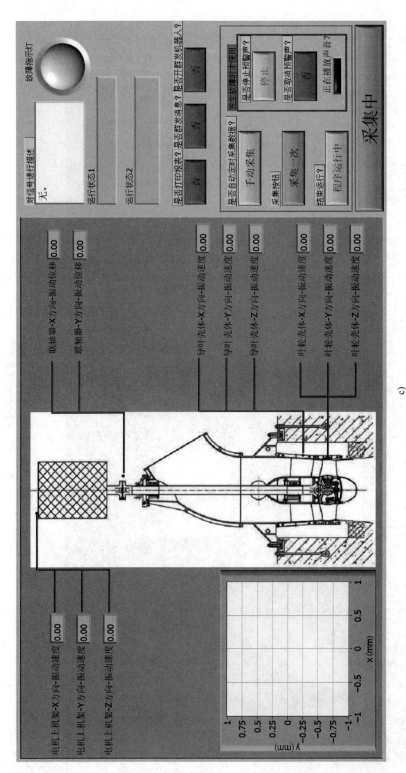

图 7-39 泵站机组监测界面（续）

c）机组三维显示界面

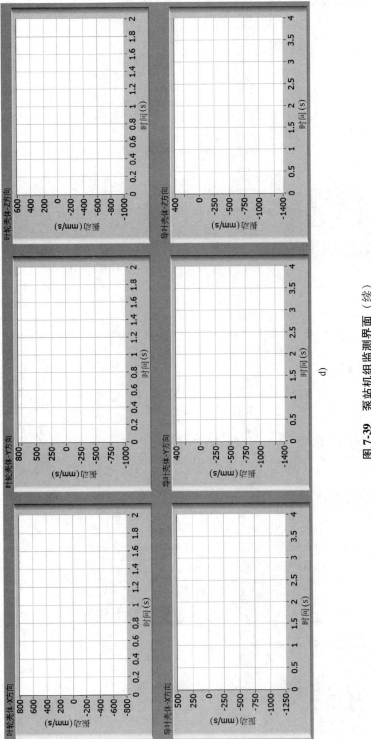

图 7-39　泵站机组监测界面（续）

d）振动信号时域

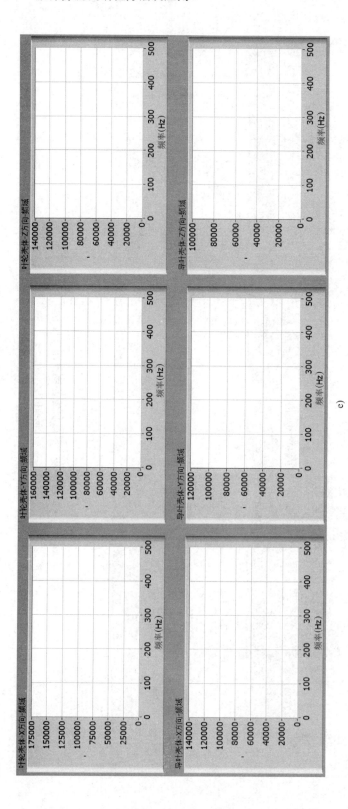

图 7-39 泵站机组监测界面（续）

e）振动信号频域

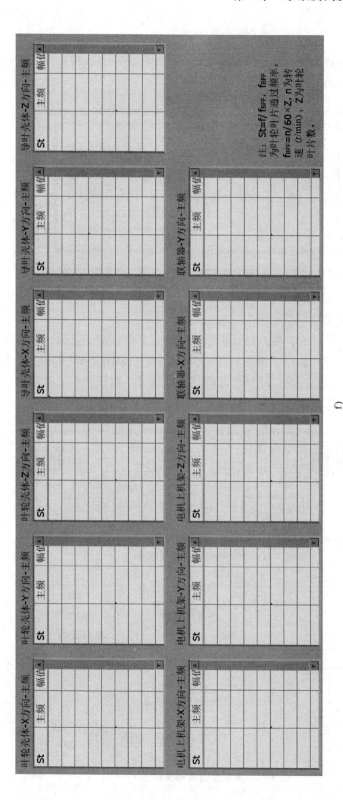

注：$St=f/f_{BPF}$，f_{BPF}
为叶轮叶片通过频率，
$f_{BPF}=n/60×Z$，n 为转
速 (r/min)，Z 为叶轮
叶片数。

f)

图 7-39　泵站机组监测界面（续）

f) 振动信号主频排序表

1. 用户登录

创建用户登录模块，只有系统账号和密码匹配正确才能运行程序，振动监测登录程序如图 7-40 所示。

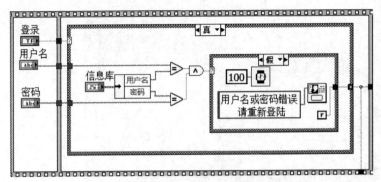

图 7-40　振动监测登录程序

2. 选择机组监测

通过静态引用子函数，根据泵站机组数量设定多个监测子函数，可选择一个或多个机组进行实时监测，泵站机组监测调用程序如图 7-41 所示。采用的是加速度传感器，获得的是振动加速度信息，可通过一次积分和二次积分分别获得振动速度和位移，加速度信号转换程序如图 7-42 所示。

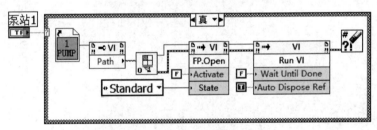

图 7-41　泵站机组监测调用程序

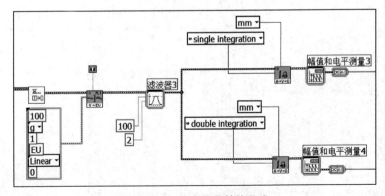

图 7-42　加速度信号转换程序

3. 振动信号频域分析

振动信号频域分析是为了获得振动信号的频谱特性，程序中的函数与水泵压力脉动测试中调用的频谱分析函数相同。

4. 故障预警

在泵站振动监测过程中，根据当前振动幅值与振动标准或者历史振动数据相比，若出现较大的振动信号时，则触发故障预警，分为一般故障和严重故障两类，发出不同程度的预警声音。当故障处理完毕后，可取消故障预警声音，预警程序框图如图 7-43 所示。

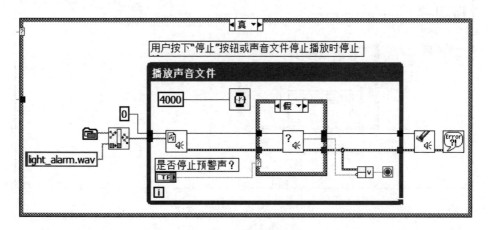

图 7-43　预警程序框图

5. 定时采集

在泵站机组振动监测采集过程中，设定了定时采集和手动采集两种模式，如图 7-44 信号采集定时程序所示。定时采集根据需求设定，可实现振动监测无人值守。

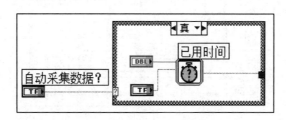

图 7-44　信号采集定时程序

6. 状态推送

状态推送模块通过 LabVIEW 平台调用 Python 脚本、进一步接入企业微信Wechat 官方的 API 接口来实现泵站运行状态的实时推送，调用企业微信程序如图 7-45 所示，将泵站机组不同监测位置振动数据发送到企业微信中指定的人员或者群组。图 7-45 也可以称作是 LabVIEW 调用 Python 脚本的程序框图，读取 Python 脚本文件的绝对路径，执行发送消息，通过函数返回值即可判断泵站机组状态信息是否发送成功。

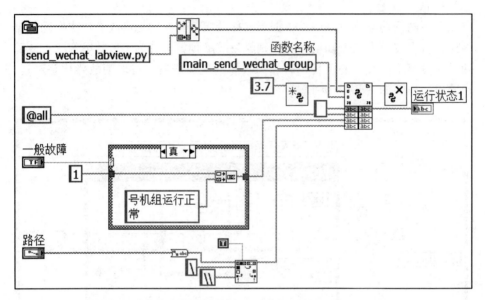

图 7-45   调用企业微信程序

7. 振动信号数据库

数据库程序如图 7-46 所示，将监测点的振动速度、位移 RMS 值写入到数据库，便于对历史数据进行查询，也可对泵站机组运行状态变化趋势进行分析。

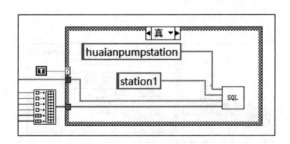

图 7-46   数据库程序

7.4.4 振动信号分析

测试试验选取了淮安一站 1 号泵站机组作为监测对象，数据采集卡的采样率设置为 1000Hz，采样数设置为 4000。选取联轴器在 X、Y 两个方向上的振动位移进行时域和频域分析（见图 7-47 和图 7-48），主频为 4.25Hz，对应泵站机组的轴频（转速为 250r/min，转频为 4.25Hz）。

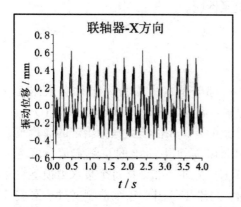 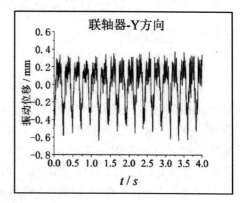

图 7-47　联轴器振动位移时域图

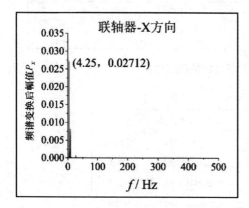 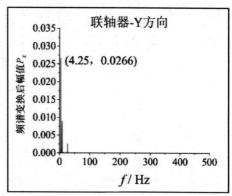

图 7-48　联轴器功率谱

7.5　水泵水力模型选型编程

7.5.1　选型原则

　　水泵选型的原则是，首先考虑泵的型式、输送介质、材料等因素，其次在满足泵系统对泵流量和扬程要求的同时，选择泵的高效区宽、空化余量低，优选高转速水力模型。具体来说，尽量让泵在最高效率点运行，且无空化发生，还需要考虑泵在一定范围内安全运行。通常泵的运行范围为 70%Q～120%Q，是泵的优先工作区，泵的运行范围为 80%Q～110%Q，是泵的额定区，可实现泵系统的节能运行。

水泵选型过程中，当水力模型库中泵性能和选型性能有一定偏差时，应采用合理的方法对叶轮进行切割，从而改变泵性能。

7.5.2　选型编程

1. 水力模型库创建

水力模型库的建立包括两个部分。一部分是水力模型库泵性能数据汇总（见图7-49），包括泵的结构形式、型号、流量（$0.7Q_d$、$1.0Q_d$和$1.1Q_d$）、扬程、空化余量、比转数等信息。需要注意的是，泵性能数据中给定的流量范围需根据不同泵选型指南给定，譬如API610标准中给出的泵额定运行区为$0.8Q_d \sim 1.1Q_d$，优先工作区为$0.7Q_d \sim 1.2Q_d$。另外一部分是每个泵水力模型文件夹（见图7-50），存储泵性能曲线数据、二维零件图、三维造型文件、泵安装图纸等文件。文件夹名称采用泵型号命名，便于检索。

	A	B	C	D	E	F	G	H	I	J
1	产品型号	型号	转速	原始直径	流量	扬程	0.7倍流量	0.7倍扬程	1.1倍流量	1.1倍扬程
2	GS	150GS32	2950.00	170.00	185.16	31.62	122.04	37.30	202.84	29.07
3	ZS	ZS100-65-250	2950.00	246.00	109.40	85.97	76.58	92.73	122.60	79.87

图7-49　水力模型库泵性能数据汇总

📁 200GS25	2022/10/31 13:22	文件夹
📁 200GS32	2022/10/31 13:22	文件夹
📁 200GS50	2022/10/31 13:22	文件夹
📁 200GS80	2022/11/3 20:09	文件夹
📁 200GS125	2022/10/31 13:22	文件夹
📁 DG12-25	2022/10/31 13:22	文件夹

图7-50　泵水力模型文件夹

2. 水力模型泵性能比对

泵选型的两个主要参数是流量和扬程。给定流量和扬程，对泵的型号和类型可进行限定，缩小选型范围。与所选泵性能参数对比，可显示水力模型库中与之匹配的泵性能参数，如图7-51水力模型数据输入界面所示。图7-52所示为泵性能对比的程序框图。图7-53和图7-54所示分别为允许运行范围泵性能曲线和性能曲线程序框图，上下线表示泵叶轮未切割与最大切割时的性能曲线，中间线表示泵的最高效率工况运行，叉点代表所选泵性能参数，叉点与绿线越接近，泵在最高效率工况运行的可能性越大。

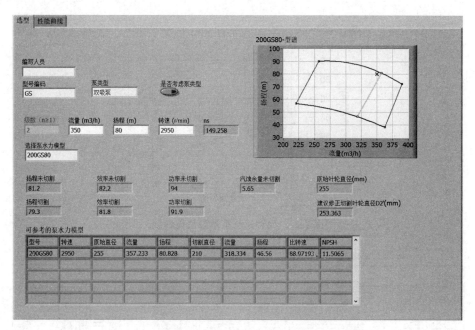

图 7-51 水力模型数据输入界面

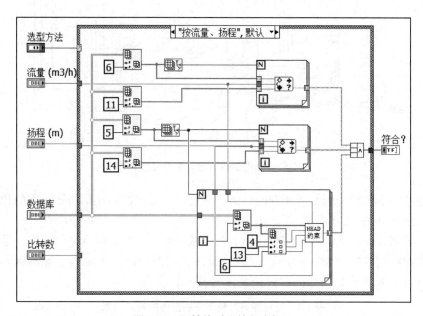

图 7-52 泵性能对比的程序框图

3. 叶轮切割计算

针对某一叶轮，可以切割其外径来改变性能，以下角标 2 表示切割后尺寸

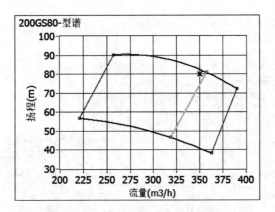

图 7-53　允许运行范围泵性能曲线

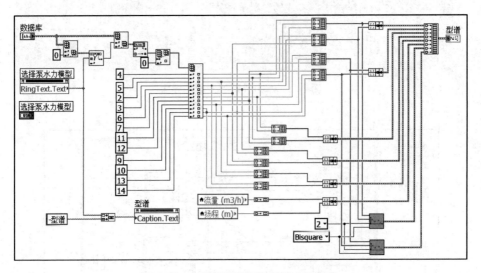

图 7-54　允许运行范围泵性能曲线程序

和性能，下角标 1 表示未切割的性能，则切割前后的性能在相同转速下的相似
换算公式分别为：$Q_2/Q_1=D_2/D_1$，$H_2/H_1=(D_2/D_1)^2$，$P_2/P_1=(D_2/D_1)^3$。

　　虽然低比转速叶轮的直径可以大幅度减小而不会明显降低泵的效率，但高
比转速叶轮的效率会明显下降。《现代泵理论与设计》一书给出了比转速和叶
轮（叶片）允许切割量的对应关系（见表 7-2）。

表 7-2　比转速与叶轮允许切割量的对应关系

比转速 n_s	60	120	200	300	500
允许切割量（%）	20	15	11	9	7

切割叶轮外径后，叶片的出口宽度、出口角、叶片出口厚度难以确定和计算，通常采用试验数据来修正叶轮切割公式。关醒凡老师在《现代泵理论与设计》给出了他提出的修正公式。单级离心泵为 $D_2 = D_1 \left(\dfrac{H_2}{H_1} \right)^{0.43}$，双吸离心泵为 $D_2 = D_1 \left(\dfrac{H_2}{H_1} \right)^{0.42}$。苏尔寿公司的叶轮切割公式为 $D_2 = 0.75 D_1 \left(\dfrac{H_2}{H_1} \right)^{0.5} + 0.25 D_1 \left(\dfrac{Q_2}{Q_1} \right)$。

通过叶轮切割定律计算，所选参数的泵性能曲线界面如图 7-55 叶轮切割泵叶轮性能曲线界面所示。左侧可调整性能曲线拟合阶数，根据试验数据点拟合出性光滑的性能曲线。如图 7-56 所示为所选参数泵的预测性能曲线，即水力模型泵扬程-效率曲线，其中从上往下的第二条线表示所选参数计算出的泵性能曲线。

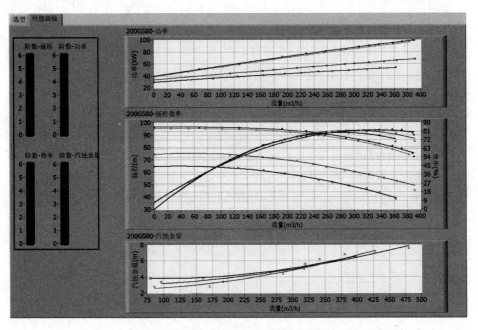

图 7-55　叶轮切割泵叶轮性能曲线界面

4. 打开选择的水力模型文件夹

选定合理的水力模型后，需要查看所选水力模型泵的相关文件。首先，通过新建文件 openfolder. bat 文件，写入打开文件夹代码。采用"执行系统命令" VI 函数，执行打开文件夹的 bat 命令（见图 7-57），弹出文件夹内容（见图 7-58）。

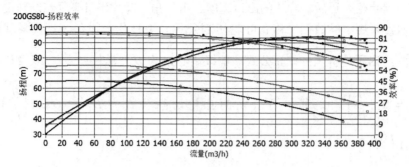

图 7-56   所选参数泵的预测性能曲线

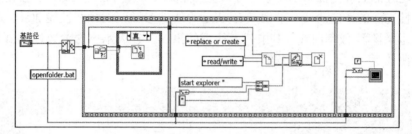

图 7-57   调用打开文件夹程序

名称	修改日期	类型	大小
🗋 200GS80-Q318-N2950-D210-2.csv	2021/12/5 17:06	Microsoft Excel ...	1 KB
🗋 200GS80-Q345-N2950-D225-1.csv	2021/12/5 17:06	Microsoft Excel ...	1 KB
🗋 200GS80-Q357-N2950-D255-0.csv	2021/12/5 17:06	Microsoft Excel ...	1 KB
📄 openfolder.bat	2022/5/24 23:07	Windows 批处理...	1 KB
📄 pump_head_effi.bmp	2022/5/24 23:07	BMP 文件	1,068 KB
📄 pump_npsh.bmp	2022/5/24 23:07	BMP 文件	581 KB
📄 pump_power.bmp	2022/5/24 23:07	BMP 文件	581 KB
📄 pump_xingpu.bmp	2022/5/24 23:07	BMP 文件	430 KB

图 7-58   所选水力模型文件夹内容

5. 生成报表

生成报表程序如图 7-59 所示，调用 Python 函数集，在子程序中调用
Python 会话程序，指定 Python 程序路径、函数名（report_pump_type）及版
本号。如图 7-60 所示为报表生成 Python 代码，采用 Python 软件中 docx 模
块，将泵选型信息、性能曲线写入报表。如图 7-61 和图 7-62 所示分别是生
成的泵选型 Word 报表内容，包括叶轮切割前后泵性能数据和切割前后的性
能曲线。

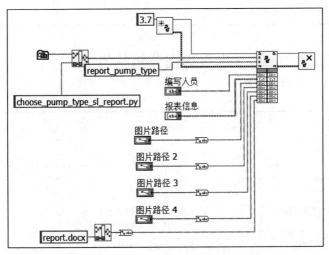

图 7-59　生成报表程序

```
def
report_pump_type(reporter,table_value,pic_path_xingpu,pic_path_power,pic_path_head_
effi,pic_path_npsh,report_path):
        current_path = os.getcwd()+r"\\"
        table_name1 =                              ["型号","流量(m3/h)","转速(r/
min)","未切割叶轮直径(mm)","未切割泵扬程(m)","未切割泵功率(kW)","未切割泵效
率(%)","未切割泵汽蚀余量(m)"]
        table_name2 =
["扬程(m)","比转速","切割后叶轮直径(mm)","切割后扬程(m)","切割后功率(kW)","
切割后效率(%)","切割后泵汽蚀余量(m)"]
        doc = Document(current_path+"pump_type_template.docx")
        p1 = doc.add_paragraph()
        p1.alignment = WD_ALIGN_PARAGRAPH.CENTER
        run1 = p1.add_run("水泵选型分析报告")
        run1.font.name = u'黑体'
        run1.font.size = Pt(22)
        p2 = doc.add_paragraph()
        p2.alignment = WD_ALIGN_PARAGRAPH.CENTER
        run2 = p2.add_run("编写人： "+reporter)
        run2.font.size = Pt(14)
        p2_1 = doc.add_paragraph()
        table = doc.add_table(rows=8, cols=4, style="Table Grid")
        for x in range(0,8):
                table.cell(x, 0).text = table_name1[x]
        table.cell(0, 1).merge(table.cell(0, 3))
        table.cell(0, 3).text = table_value[0]
        for y in range(1,8):
                table.cell(y, 1).text = table_value[y]
                table.cell(y, 2).text = table_name2[y-1]
                table.cell(y, 3).text = table_value[y+7]
        p2_2 = doc.add_paragraph()
        p_pic1 = doc.add_paragraph()
        p_pic1.alignment = WD_ALIGN_PARAGRAPH.CENTER
        run_pic1 = p_pic1.add_run("")
        run_pic1.add_picture(pic_path_xingpu, width=Inches(4.5))
        p3 = doc.add_paragraph()
        p3.alignment = WD_ALIGN_PARAGRAPH.CENTER
        run3 = p3.add_run("图1 型谱")
        p3_1 = doc.add_paragraph()
        p3_2 = doc.add_paragraph()
        doc.save(report_path)
```

图 7-60　报表生成 Python 代码

水泵选型分析报告

编写人:

型号	200GS80		
流量(m³/h)	350	扬程(m)	70
转速(r/min)	2950	比转速	165
未切割叶轮直径(mm)	255	切割后叶轮直径(mm)	245
未切割泵扬程(m)	81	切割后泵扬程(m)	69
未切割泵功率(kW)	94	切割后泵功率(kW)	82
未切割泵效率(%)	82	切割后泵效率(%)	80
未切割泵汽蚀余量(m)	6	切割后泵汽蚀余量(m)	6

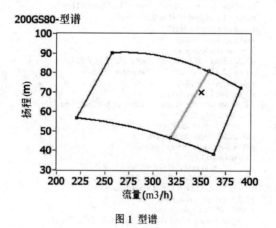

图 1 型谱

图 7-61   Word 报表第一页

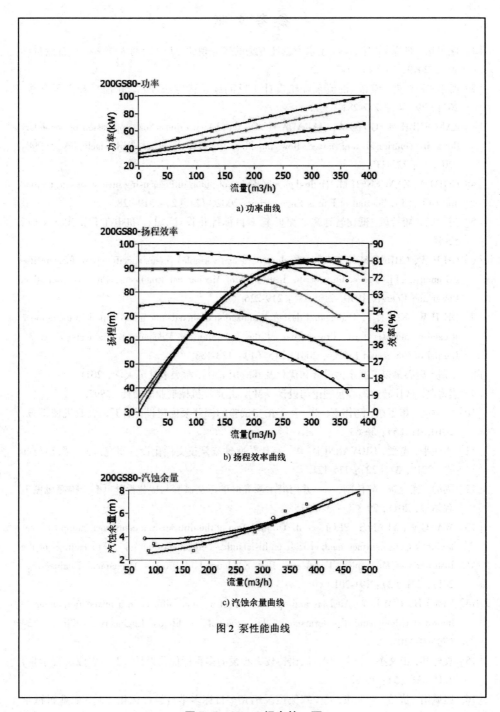

a) 功率曲线

b) 扬程效率曲线

c) 汽蚀余量曲线

图 2 泵性能曲线

图 7-62 Word 报表第二页

参 考 文 献

［1］ 施卫东, 张悦, 肖宇, 等. 泵水力设计方法的研究现状 ［J］. 南通大学学报（自然科学版）, 2019, 18（4）: 1-7.

［2］ 邴浩, 曹树良, 谭磊. 混流泵叶轮设计正反问题迭代方法 ［J］. 排灌机械工程学报, 2011, 29（4）: 277-281, 302.

［3］ ZANGENEH M, GOTO A, HARADA H. On the design criteria for suppression of secondary flows in centrifugal and mixed flow impellers ［J］. Journal of Turbomachinery, 1998, 120（4）: 723-735.

［4］ GOTO A, ZANGENEH M. Hydrodynamic design of pump diffuser using inverse design method and CFD ［J］. Journal of Fluids Engineering, 2002, 124（2）: 319-328.

［5］ 王幼民, 唐铃凤. 低比转速离心泵叶轮多目标优化设计 ［J］. 机电工程, 2001（1）: 52-54.

［6］ OH H W, CHUNG M K. Optimum values of design variables versus specific speed for centrifugal pumps ［J］. Proceedings of the Institution of Mechanical Engineers, Part A: Journal of Power and Energy, 1999, 213（3）: 219-226.

［7］ OH H W, KIM K Y. Conceptual design optimization of mixed-flow pump impellers using mean streamline analysis ［J］. Proceedings of the Institution of Mechanical Engineers, Part A: Journal of Power and Energy, 2001, 215（1）: 133-138.

［8］ 王凯. 离心泵多工况水力设计和优化及其应用 ［D］. 镇江: 江苏大学, 2011.

［9］ 袁寿其. 低比转速离心泵理论与设计 ［M］. 北京: 机械工业出版社, 1997.

［10］ 王洪亮, 施卫东, 陆伟刚, 等. 基于正交试验的深井泵优化设计 ［J］. 农业机械学报, 2010, 41（5）: 56-63.

［11］ 袁建平, 范猛, GIOVANNI P, 等. 高比转速轴流泵正交优化设计研究 ［J］. 振动与冲击, 2018, 37（22）: 115-121.

［12］ 周岭, 施卫东, 陆伟刚, 等. 井用潜水泵导叶的正交试验与优化设计 ［J］. 排灌机械工程学报, 2011, 29（4）: 312-315.

［13］ WANG W, YUAN S, PEI J, et al. Optimization of the diffuser in a centrifugal pump by combining response surface method with multi-island genetic algorithm ［J］. Proceedings of the Institution of Mechanical Engineers, Part E: Journal of Process Mechanical Engineering, 2017, 231（2）: 191-201.

［14］ KIM J H, KIM K Y. Analysis and optimization of a vaned diffuser in a mixed flow pump to improve hydrodynamic performance ［J］. Journal of Fluids Engineering, 2012, 134（7）: 071104.

［15］ 袁寿其, 王文杰, 裴吉, 等. 低比转数离心泵的多目标优化设计 ［J］. 农业工程学报, 2015, 31（5）: 46-52.

［16］ 赵斌娟, 仇晶, 赵尤飞, 等. 双流道泵蜗壳多目标多学科设计优化 ［J］. 农业机械学报, 2015, 46（12）: 96-101, 225.

［17］ WAHBA W, TOURLIDAKIS A. A genetic algorithm applied to the design of blade profiles for centrifugal pump impellers [C]//15th AIAA Computational Fluid Dynamics Conference. California: American Institute of Aeronautics and Astronautics, 2001: 2582.

[18] ZANGENEH M, DANESHKHAH K. A fast 3D inverse design based multi-objective optimization strategy for design of pumps [C]//ASME 2009 Fluids Engineering Division Summer Meeting. Colorado: American Society of Mechanical Engineers, 2009: 425-431.

[19] 胡季. 离心泵叶轮的优化设计研究 [D]. 昆明: 昆明理工大学, 2013.

[20] 张德胜, 刘安, 陈健, 等. 采用粒子群算法的水平轴潮流能水轮机翼型多目标优化 [J]. 浙江大学学报 (工学版), 2018, 52 (12): 2349-2355.

[21] YANG B, XU Q, HE L, et al. A novel global optimization algorithm and its application to airfoil optimization [J]. Journal of Turbomachinery, 2015, 137 (4): 041011.

[22] JAMESON A, MARTINELLI L. Aerodynamic shape optimization techniques based on control theory [M]. Berlin: Springer Berlin Heidelberg, 2000.

[23] 张人会, 郭苗, 杨军虎, 等. 基于伴随方法的离心泵叶轮优化设计 [J]. 排灌机械工程学报, 2014, 32 (11): 943-954.

[24] DERAKHSHAN S, MOHAMMADI B, NOURBAKHSH A. Incomplete sensitivities for 3Dradial turbomachinery blade optimization [J]. Computers & Fluids, 2008, 37 (10): 1354-1363.

[25] 张人会, 郭广强, 杨军虎. 基于不完全敏感性方法的低比转速离心叶轮优化研究 [J]. 机械工程学报, 2014, 50 (4): 162-166.

[26] EMAMI S, EMAMI M. Design and implementation of an online precise monitoring and performance analysis system for centrifugal pumps [J]. IEEE Transactions on Industrial Electronics, 2017, 65 (2): 1636-1644.

[27] 温慧知, 汤跃, 汤玲迪. 基于 LabVIEW 的泵试验非采集点数据显示程序设计 [J]. 排灌机械工程学报, 2021, 39 (2): 128-131.

[28] 施卫东, 张德胜, 郎涛, 等. 基于 LabVIEW 的水泵性能测试系统的设计 [J]. 排灌机械工程学报, 2007, 25 (3): 38-41.

[29] 钟绍俊, 黄镇海, 黄艳岩. 基于 PLC 的汽车发动机冷却水泵性能测试系统设计 [J]. 机床与液压, 2007, 35 (4): 177-179.

[30] 高彦平. 泵性能测试软件关键技术研究 [D]. 镇江: 江苏大学, 2015.

[31] 吴俊. 离心泵系统高精度测试技术研究与工程实现 [D]. 杭州: 浙江大学, 2015.

[32] 王志远, 钱忠东. 双吸式离心泵振动实验 [J]. 实验技术与管理, 2018, 35 (4): 69-72, 78.

[33] 李伟, 路德乐, 马凌凌, 等. 混流泵启动过程压力脉动特性试验 [J]. 农业工程学报, 2021, 37 (1): 44-50.

[34] FU Y, YUAN J, YUAN S, et al. Numerical and experimental analysis of flow phenomena in a centrifugal pump operating under low flow rates [J]. Journal of Fluids Engineering, 2015, 137 (1): 1-12.

[35] 司乔瑞. 离心泵低噪声水力设计及动静干涉作用机理 [D]. 镇江: 江苏大学, 2014.

[36] 秦小刚, 王文祥, 徐正海. 关键离心泵在线监测与智能管理系统助力海上平台操作无

人化 [J]. 水泵技术, 2021 (6): 1-4.

[37] 王睿. 基于物联网的屏蔽泵远程在线监测平台开发 [D]. 合肥: 合肥工业大学, 2021.

[38] 李红, 许晓东, 关醒凡. 离心泵选型软件系统 [J]. 通用机械, 2003 (2): 56-58.

[39] 朱荣生, 吴俊, 罗仁才. 泵选型软件及其在线选型的研究 [J]. 农机化研究, 2007 (5): 186-187.

[40] 张海龙, 苗凯, 张春龙, 等. 基于参数化的水泵选型研究及其工况点校核分析 [J]. 水利技术监督, 2022 (1): 164-168.

[41] 张维. ZXHB 型泵类产品选型系统软件的研究开发及应用 [D]. 成都: 西华大学, 2013.

[42] 张晓磊. 基于 ASP. NET 的离心泵选型系统的研究与开发 [D]. 合肥: 合肥工业大学, 2015.

[43] 王启才. 离心式水泵计算机辅助选型与能效计算研究 [D]. 北京: 北京建筑大学, 2018.

[44] 樊永军. 渣浆泵综合选型系统研究 [D]. 石家庄: 河北科技大学, 2017.

[45] 关醒凡. 大中型低扬程泵选型手册 [M]. 北京: 机械工业出版社, 2019.

[46] 汤方平, 胡秋瑾, 石丽建, 等. 一种大型泵站低扬程泵装置的水泵选型方法: CN110705130A [P]. 2020.

[47] KLEINMANN S, JAN M, KOLLER-HODAC A, et al. Concept of an advanced monitoring, control and diagnosis system for positive displacement pumps [C]//2010 Conference on Control and Fault-Tolerant Systems (SysTol). Nice: IEEE, 2010: 233-238.

[48] AHONEN T, TIAINEN R, VIHOLAINEN J, et al. Pump operation monitoring applying frequency converter [C]//2008 International Symposium on Power Electronics, Electrical Drives, Automation and Motion. Ischia: IEEE, 2008: 184-189.

[49] 赵旭凌, 周云龙. 基于 LabVIEW 的离心泵在线监测与故障诊断系统设计及应用 [J]. 东北电力大学学报, 2017, 37 (2): 66-72.

[50] 骆寅, 董健, 韩岳江. 基于无线传感网络的水泵振动状态监测系统设计 [J]. 现代电子技术, 2020, 43 (12): 30-34.

[51] 叶韬, 司乔瑞, 申纯浩, 等. 基于支持向量机的离心泵初生空化监测 [J]. 排灌机械工程学报, 2021, 39 (9): 884-889.

[52] 彭岩. 离心泵机组状态监测及优化运行的研究 [D]. 上海: 华东理工大学, 2015.

[53] 古明辉, 俞传阳, 杨启耀, 等. 基于 LabVIEW 的离心泵监测系统设计与试验 [J]. 中国农机化学报, 2019, 40 (2): 145-150, 192.

[54] 邹红美, 唐鸿儒, 严国斐. 大型泵站机组远程状态监测平台设计与实现 [J]. 东南大学学报 (自然科学版), 2010, 40 (S1): 348-352.

[55] 严国斐. 泵站机组远程状态监测和故障诊断研究与实现 [D]. 扬州: 扬州大学, 2012.

[56] 王娟, 华东, 罗建平. Python 编程基础与数据分析 [M]. 南京: 南京大学出版社, 2019.

[57] 闫俊伢, 夏玉萍, 陈实, 等. Python 编程基础 [M]. 北京: 人民邮电出版社, 2016.

[58] 黄红梅, 张良均, 张凌, 等. Python 数据分析与应用 [M]. 北京: 人民邮电出版

社, 2018.

[59] 解璞, 李瑞. LabVIEW 2014 基础实例教程 [M]. 北京: 人民邮电出版社, 2017.

[60] 王超, 王敏. LabVIEW 2015 虚拟仪器程序设计 [M]. 北京: 机械工业出版社, 2016.

[61] 陈功, 孙海波. Creo Elements/Pro 三维造型及应用实验指导 [M]. 南京: 东南大学出版社, 2017.

[62] 孙海波, 陈功. Creo Elements/Pro 三维造型及应用 [M]. 南京: 东南大学出版社, 2017.

[63] 张克义, 江文清, 李为平, 等. Creo Elements Pro5. 0 中文版实例教程 [M]. 重庆: 重庆大学出版社, 2017.

[64] 沈春根, 聂文武, 裴宏杰. UG NX 8. 5 有限元分析入门与实例精讲 [M]. 北京: 机械工业出版社, 2015.

[65] 司乔瑞, 袁建平, 裴吉, 等. 离心泵数值模拟实用技术 [M]. 镇江: 江苏大学出版社, 2018.

[66] 江民圣. ANSYS Workbench 19. 0 基础入门与工程实践 [M]. 北京: 人民邮电出版社, 2019.

[67] 黄志新. ANSYS Workbench 16. 0 超级学习手册 [M]. 北京: 人民邮电出版社, 2016.

[68] 丁源. ANSYS CFX 19. 0 从入门到精通 [M]. 北京: 清华大学出版社, 2020.

[69] RASHEDI E, NEZAMABADI-POUR H, SARYAZDI S. GSA: a gravitational search algorithm [J]. Information Sciences, 2009, 179 (13): 2232-2248.

[70] KENNEDY J, EBERHART R. Particle swarm optimization [J]. Proceedings of IEEE International Conference on Neural Networks, 1995, 4 (1995): 1942-1948.

[71] 王文杰. 基于改进 PSO 算法的带导叶离心泵性能优化及非定常流动研究 [D]. 镇江: 江苏大学, 2017.

[72] HOLLAND J. Adaptation in natural and artificial systems: an introductory analysis with application to biology, control and artificial intelligence [M]. Cambridge: MIT press, 1992.

[73] DE JONG D A. An analysis of the behavior of a class of genetic adaptive systems [M]. Ann Arbor: University of Michigan, 1975.

[74] 潘冬雪, 张盼, 韩国立. 基于混合自适应遗传算法的稳健全波形反演 [J]. 地球物理学进展, 2021, 36 (2): 636-643.

[75] 闫磊, 何志方, 赵文娜, 等. 基于自适应遗传算法的多维数据关联规则挖掘 [J]. 科技风, 2020 (28): 110-111.

[76] 庞超明, 黄弘. 试验方案优化设计与数据分析 [M]. 南京: 东南大学出版社, 2018.

[77] KHURI A I, MUKHOPADHYAY S. Response surface methodology [J]. Wiley Interdisciplinary Reviews: Computational Statistics, 2010, 2 (2): 128-149.

[78] ABIODUN O I, JANTAN A, OMOLARA A E, et al. State-of-the-art in artificial neural network applications: A survey [J]. Heliyon, 2018, 4 (11): e00938.

[79] KRIGE D G. On the departure of ore value distributions from the lognormal model in South African gold mines [J]. Journal of the Southern African Institute of Mining and Metallurgy, 1960, 61 (4): 231-244.

[80] 胡蓓蓓, 王春林. 基于径向基神经网络与差分进化算法的螺旋离心泵多目标优化设计 [D]. 镇江: 江苏大学, 2020.

[81] 裴吉, 王文杰, 袁寿其. 叶片泵先进优化理论与技术 [M]. 北京: 科学出版社, 2019.

[82] 袁寿其, 袁建平, 裴吉. 离心泵内部流动与运行节能 [M]. 北京: 科学出版社, 2016.

[83] 关醒凡. 现代泵理论与设计 [M]. 北京: 中国宇航出版社, 2011.

[84] 李诗祥. 基于循环平稳和数值模拟的泵阀动特性研究与改进设计 [D]. 杭州: 浙江大学, 2018.

[85] 韩礼泽. 五孔探针在气流速度测量中的应用研究 [D]. 大连: 大连理工大学, 2020.